GLOSSARY OF SPANISH GARDENING AND HORTICULTURAL TERMS

SPANISH-ENGLISH AND ENGLISH-SPANISH

compiled bY

ALAN S. LINDSEY

HADLEY PAGER INFO

First Edition 2011
ISBN 978-1872739-24-3

Copyright © Alan S. Lindsey

All rights reserved. This publication or any part of it may not be reproduced in any form, including electronic media, without prior written permission from the publisher

HADLEY PAGER INFO
Leatherhead, Surrey, England

FOREWORD

Gardening can be a pleasurable hobby whatever one's age and wherever one lives, and if one branches into horticulture it can also provide financial rewards. Brits living in Spain however can find that unless fluent in the local language, when shopping for plants, gardening implements, fertilizers etc, they need the locally recognized name and this is not readily found in standard bilingual dictionaries. This Spanish Glossary should help to supply the required word, and follows the same general pattern set in my Glossary of French Gardening and Horticultural Terms.

The Spanish Glossary contains around three thousand terms covering plants commonly grown in Spain, the Balearic Isles and the Canary Islands, as well as trees, fruit, herbs, vegetables, procedures, equipment, pests, etc. Where possible the full Latin name is also included. The English translations of the Spanish term relate only to gardening or horticultural aspects and other meanings are not generally included. Many flowers and plants also have local Catalan, Euskera and Gallego dialect names however, except in rare instances, these have not been included and the widely recognized Castilian name is given. Some Spanish names of plants, and equipment vary in the Spanish speaking Latin-American countries and where known these have been included so that Web Sites of these countries can be consulted. Appendices in the Glossary are given of medicinal plants, and of birds and butterflies seen in Spain.

The Glossary should be of value to those embarking on gardening or horticultural activities in Spain, as well as naturalists, translators and exporters.

I should be grateful if users of the Glossary would let me know of any errors or omissions that they might note so that these can be rectified in later editions.

A.S.L.

PRINCIPAL INFORMATION SOURCES CONSULTED DURING THE PREPARATION OF THIS GLOSSARY

1. Dictionary of Agriculture, (German, English, French, Spanish, Russian), 1975, 4th Edtn, ISBN 0-444-99849-7, Gunther Haensch and Gisela Haberkamp de Anton, (Publisher: Elsevier Scientific Publishing Company, Amsterdam)

2. Trees and Shrubs of the Mediterranean, 1977, Helge Vedel, (Publisher: Penguin Books, England)

3. The National Gardening Association Dictionary of Horticulture, 1994, ISBN 0140178821, (Publisher: Penguin Books, USA)

4. The Oxford Visual Dictionary, (English, French, German, Spanish),1997, ISBN 0-19-863145-6, (Publisher: Oxford Universirty Press, Oxford)

5. Diccionario para Ingenieros, (Spanish-English, English-Spanish), 1997, 2nd Edtn, ISBN 968-26-1118-0, Luis A. Robb, (Publisher: Compania Editorial Continental, S.A. Mexico; John Wiley)

6, Las Mejores Plantas Para El Jardin, 2001, ISBN 84-8076-3930, Anne Swithinbank, (Publisher, Blume, Barcelona))

7. Oxford Spanish Dictionary, 2003, 3rd Edtn., ISBN 0198606834, CD, Beatriz Galimbertie Jarman, Roy Russell (Editors), (Publisher: Oxford Universirty Press, Oxford)

8. Manual Técnico de Jardineria, 2004, ISBN 84-8476-195-9, (Publisher: Mundi-Prensa Libros, Madrid)

9. Dictionary of Common Names of Garden and Wild Plants, (French, English, Latin) 2005, ISBN 0-9551011-0-7, John J. Wells, (Pub. by author, UK)

10. Lista de las Aves de España, Multilingual Edition (Castilian, Latin, English, Catalan, Gallego, Vasco), 2005, J. Clavel, J. L. Copete,

R.Gutiérrez, E. de Juana, J. A. Lorenzo, (Publisher: Sociedad Española de Ornitologia)

11. Your Garden In Spain, 2007, ISBN 978-84-89954-67-0
Clodagh and Dick Handscombe, (Publisher: Santana Books, Spain)

12. Glossary of Arboricultural Terms, English-Spanish and Spanish-English, 2008, ISBN1-881956-62-8 (Publisher: International Society of Arboriculture, Illinois, USA)

13. Collins Spanish Unabridged Dictionary, 2009, ISBN 978-0007318728, Beatriz Galimbertie Jarman, Roy Russell (Editors), (Publisher HarperCollins Publishers Ltd.)

Websites:
University of Melbourne Multilingual Plant Database
http://www.plantnames.unimelb.edu.au

Topic: Agriculture and Horticulture
IATE   EuroDicautom
http://iate.europa.eu

Topic: Garden Plants
http://www.infojardin.com

Abbreviations Used

adj	adjective	v	verb		
f	feminine	pl	plural		
m	masculine	inv	invariant		
pop	popular	®	Trade mark		
	Andes Region	And	Mexico	Mex	
	Argentine	Arg	Peru	Per	
	Bolivia	Bol	River Plate	RPl	
	Chile	Chi	El Salvador	Sal	
	Columbia	Col	South Cone	SC	
	Cuba	Cu	Uruguay	Ur	
	Latin America	LA	Venezuela	Ven	

CONTENTS

	PAGE
SPANISH-ENGLISH	9
ENGLISH-SPANISH	103
MEDICINAL PLANTS	197
BIRDS OF SPAIN	199
BUTTERFLIES OF SPAIN	201

SPANISH-ENGLISH

A

abedul *m* **europeo; abedul plateado**
[Betula pendula]
birch; silver birch; European birch
abedul *m* **pubescente**
[Betula pubescens]
downy birch; pubescent birch
abeja *f*
bee; honey bee
abeja *f* **machiega ;abeja maestra; abeja reina**
queen bee
abeja *f* **neutra**
worker bee
abeja *f* **obrera**
worker bee
abejorro *m*
bumble bee
• abejarrón *m* = bumble bee
abelia *f [Abelia floribunda]*
abelia
abeto *m*
[Abies]
fir; fir tree
abeto *m* **balsámico; abeto oloroso**
[Abies balsamea]
balsam fir; Gilead fir
abeto *m* **común; abeto plateado; abeto blanco**
[Abies alba]
silver fir
abeto *m* **rojo; árbol** *m* **de Navidad; picea** *f* **de Noruega**
[Picea abies]
spruce, Norway; Christmas tree
abigarrado,-da *adj*; **multicolor** *adj*
variegated; multicolo(u)red
abiótico,-ca *adj*
abiotic
abonado *m* **con antillo**
spreading with compost; distribution of vegetable mould to ground
abonado *m* **con mantillo**
treatment with mould or humus (plants, ground)
abonado,-da *adj*
addition of fertilizer; manured
abonar *v*
fertilize, to; dress, to (eg field, topsoil); manure, to
abonar con cal
lime, to
abono *m*
fertilizer; manure; dressing; addition of manure
• abono foliar = foliar fertilizer

abono cálcico

• abono granulato = granular fertilizer
• abono soluble = soluble fertilizer
abono *m* **cálcico**
lime; lime fertilizer; agricultural lime
abono *m* **de liberación lenta**
slow release fertilizer
abono *m* **de liberación rapida**
rapid release fertilizer
abono *m* **inorgánico**
inorganic fertilizer; mineral fertlizer
abono *m* **nitrogenado**
nitrogenous fertilizer
abono *m* **orgánico**
organic fertilizer; compost
abono *m* **sólido universal**
fertilizer, universal (solid)
abono *m* **vegetal; compost** *m* **para tiestos**
potting compost; potting soil
abono *m* **verde**
leaf mould; green manure
abrigada *f*
windbreak; shelter
abrir *v*
open, to; turn on, to (tap)
ABS (acrilonitrilobutadienostireno)
ABS (acrylonitrile,butadiene,styrene copolymer)(plastic)
abutilón *m*, **farolito** *m* **japonés; linterna** *f* **china**
[Abutilon],[Abutilon hybridum]
Chinese lantern; Chinese bellflower; flowering maple
acaballonar *v*
ridge, to
acacia *f* **falsa; robinia** *f*
[Robinia pseudoacacia]
false acacia, locust tree

acacia *f* **rosada**
[Robinia hispida]
rose acacia
acalifa *f*
[Acalypha wilkesiana]
Jacob's coat; copperleaf
acanto *m*; **oreja** *f* **gigante; yerba** *f* **carderona**
[Acanthus mollis]
bear's breeches
acaricida *m*
acaricide
ácaro *m*
acarid; mite; spider mite
acebo *m*
[Ilex aquifolium]
holly; holly tree
acebuche *m*
wild olive tree
acedera *f*; **acedera común**
[Rumex acetosa]
sorrel; garden sorrel; dock
aceite *m* **de granilla de uva; aceite** *m* **de pepita de uva**
grapeseed oil
aceite *m* **esencial**
essential oil
aceites *mpl* **hortícolas**
horticultural oils
aceituno *m*
olive tree
acelga *f*; **acelgas** *fpl*
[Beta vulgaris var. cicia]
Swiss chard; silver beet; spinach beet; mangold
acequia *f*
irrigation ditch; irrigation channel; trench; drain
acero *m*
steel
acero *m* **inoxidable**

steel, stainless
acerolo *m*; **azarollo** *m*; **manzanita** *f* **de dama; espino** *m* **rojo**
[Crataegus azarolus]
Neapolitan medlar; azarole
• acerola = medlar (fruit)
achiote *m*
[Bixa orellana]
annatto
aciano *m*
[Centaurea cyanus]
cornflower
acicalar *v*
improve appearance of, to; dress up, to (plants)
acidez *f*
acidity; sourness
acidez *f* **del suelo**
soil acidity
acido,-da *adj*
acid; acidic; sharp; sour (eg fruit)
ácido *m* **abscísico (ABA)**
abscisic acid (ABA)
agrio, agria *adj*
sour; sharp; acid (eg fruit, wine, soil)
arce *m* **napolitano; acirón** *m*
[Acer opalus]
maple, Italian
aclarar *v*
thin, to; thin out, to; clear, to (eg vegetation)
aclareo *m* **(see also entrasaca)**
thinning; thinning out (of plants)
• aclareo de la copa = crown thinning (of tree)
aclarear *v*
thin, to; thin out, to
aclimatación *f*
acclimatization; acclimation
aclimatado *m*

hardened off
aclimatar *v*
harden off, to (eg seedlings); acclimatize, to
acodadura *f*; **acodado** *m*
layering
acodar *v*
layer, to (eg plant)
acodo *m*
shoot; scion; layer; layering
acolchado *m* **(see also mantillo, mulch)**
mulch; mulching; mulch cover (eg bark, stone. plastic)
acolchado *m* **de plástico**
plastic ground cover (for plants)
acollar *v*
earth up, to
• tomar caballon de tierra = to earth up
acondicionador *m* **de suelos**
soil conitioner
acónito *m*, **anapelo** *m*, **matalobos** *m*
[Aconitum napellus]
helmet flower
acónito *m*
[Aconitum anglicum]
monkshood; wolfbane
acronecrosis *m* **(see also muerte regresiva)**
dieback
adelfa *f*
[Nerium oleander]
oleander
aecmea *f*, **piñuela** *f*
[Aechmea fasciata]
Urn plant; silver vase plant
aeonium *m*; **aeonio** *m*
[Aeonium]
aeonium

aereador *m* ; **aireador de césped**
aerator; lawn aerator
aficida *m*
aphicide
áfido *m*
aphid; aphis; plant-louse
afilado,-da *adj*
tapered; tapering;sharp; keen; thin
afilar *v*
sharpen, to; hone, to; make sharp, to
agalla *f*
gall; oak apple
 • agalla de roble = oak apple
agapanto *m*; **lirio** *m* **africano; flor** *f* **del amor**
[Agapanthus africanus]
agapanthus; African lily
agárico *m*
agaric
agatea *f*; **felicia** *f*; **margarita** *f* **azul**
[Felicia amelloides]
blue daisy; blue marguerite
ágave *f*; **pita** *f*; **alcivara** *f*
[Agave americana]
agave; American aloe; century plant
ágave *f* **atenuado; ágave del dragón; cuello** *m* **de cisne**
[Agave attenuata]
agave attenuata; swan's neck agave
agavillar el heno
stack hay, to; bind in sheaves, to
agérato *m*
[Ageratum]
floss flower;ageratum
agitar *v*
shake, to; shake up, to; stir, to
agracejo *m* **común; agrazon** *m*; **garbazon** *m*; **vinagrera** *f*
[Berberis vulgaris]
barberry
agregado *m*
aggregate; concrete block
agripalma *f*, **cardiaca** *f*, **cola** *f* **de león**
[Leonurus cardiaca]
motherwort
agroquimico *m*; **agroquimico,-ca** *adj*
agrochemical
agrostis; agróstide estolonifera
[Agrostis stolonifera]
agrostis; bent grass
agua *f* **(de) lluvia**
rainwater
agua *f* **de manantial**
spring water, spring;
 • agua manantial = running water; flowing water
agua *f* **disponible**
available water
agua *f* **dulce**
fresh water
agua *f* **subterránea; agua del subsuelo**
groundwater
aguacate *m*   {Bol, Per, SC: **palta** *f*}
[Persea gratissima], [Persea americana]
avocado
aguacero *m*
shower; downpour
aguarrada *f*
short, light shower
aguas *fpl* **superficiales**
surface water
aguaturma *f*; **pataca** *f*; **tupinambo** *m*; **alcachofa** *f* **de Jerusalén**
[Helianthus tuberosus]

Jerusalem artichoke
aguazal *m*
boggy ground
aguileña *f,* **aquileña** *f;* **aquilegia** *f;* **columbina** *f*
[Aquilegia vulgaris]
columbine; granny's bonnets
aguja *f* **de pino**
pine needle
agujero *m* **de poste**
post hole
agusanado *adj*; **con gusanos** *adj*
maggoty; wormy (eg fruit)
ahusado,-da *adj*
tapered
ahuyentador *m*
repellent (device, product)
aireación *f*
aeration
• aireacion del suelo = soil aeration
aireador *m* **de compost**
aerator for compost
airear *v*
aerate, to
ajedrea *f*
[Saruteja]
savory; summer savory
ajedrea *f* ; **hisopillo** *m*
winter savory
ajenjo *m*
[Artemisia absinthium]
wormwood
ajo *m*
[Allium sativum]
garlic
ajo *m* **blanco**
white garlic
ajo *m* **purpura**
purple stripe garlic
ajo *m* **rojo**

red garlic
ajonjolí *m*, **sésamo** *m*
[Sesamum indicum]
sesame
alacrán *m*; **escorpión** *m* **amarillo**
scorpion, Mediterranean
alacran *m* **cebollero; grillo** *m* **topo; grillotalpa** *m*; **grillo** *m* **real**
mole-cricket
aladierno *m*
[Rhamnus alaternus]
evergreen buckthorn; Italian buckthorn
alambrada *f* **{LA: alambrado** *m*}
wire fence; wire fencing; wire netting; chain-link fence
• alambrada de espino = barbed wire fence
alambre *m*
wire
• alambre de púas = barbed wire
alamo *m*
poplar
álamo *m* **balsámico; chopo** *m*
[Populus x candicans],[Populus balsamifera]
balsam poplar; balm of Gilead
álamo *m* **blanco**
[Populus alba]
white poplar; white abele
álamo *m* **italiano; álamo negro; álamo criolio**
[Populus nigra "Italica"]
Lombardy poplar
álamo *m* **negro**
[Populus nigra]
European black poplar
álamo *m* **temblón**
[Populus tremuloides]
quaking aspen; Canadian aspen

alas de ángel

alas de ángel fpl; **orejas de conejo; nopal cegador**
[Opuntia microdasys]
bunny ears
alazor m; **azafrán** m **bastardo; cártama** f
[Carthamus tinctorius]
safflower, false saffron
albahaca f
[Ocinum basilicum]
basil, sweet; common basil
albaricoque m
apricot (fruit)
albaricoquero m
[Prunus armeniaca]
apricot tree
albizia f; **acacia** f **de Constantinopla; árbol** m **de la seda**
[Albizia julibrissin]
silk tree
albura f
sapwood
alcachofa f; **alcaucil** m
[Cynara scolymus]
globe artichoke
alcalinidad f
alkalinity
alcalino,-na adj
alkaline
alcalinidad f
alkkalinity
alcaravea f, **carvia** f, **comino** m **de prado**
[Carum carvi]
caraway
alcatraz m **amarillo**
[Zantedeschia elliottiana]
golden calla lily; golden arum lily
alcornoque m
[Quercus suber]
cork tree; cork oak
alegria f **del hogar; alegria de la casa; impatien**
[Impatiens walleriana]
impatiens; busy lizzie
aleluya f
[Oxalis acetosella]
wood sorrel
alerce m **europeo ; lárice** m
[Larix europaea] ; [Larix decidua]
European larch
aletargado,-da adj
dormant (eg plant)
alfeñique m
[Omphalodes linifolia]
Venus's navelwort
alfileres mpl **de Eva**
[Opuntia subulata]
pole cactus
alga f **marina**
seaweed; alga
- alga tóxica = toxic alga
- algas = algae

algarrobo m **europeo**
[Ceratonia siliqua]
carob tree; bean tree; St John's bread tree; locust tree
alheli f
[Matthiola]
stock
alhelí m
[Cheiranthus]
wallflower
alheli m **amarillo**
[Erysimum cheiri], [Cheiranthus cheiri]
common wallflower; Aegean wallflower
alheli m **de invierno; alheli encarnado; alheli cuarenteno**
[Matthiola incana]

alstroemeria

tenweeks stock; gillyflower
alicate(s) *m(pl)*
pliers
alimentar *v*
feed, to (eg plant)
alinear *v*
line up, to; align, to
aliso *m*; **aliso negro**
[Alnus glutinosa]
common/European/black alder
aliso *m* **blanco**
[Alnus incana]
grey alder
aliso *m* **maritimo; canastillo** *m* **de plata**
[Alyssum maritimum],[Lobularia maritima]
sweet alyssum
aliso *m* **napolitano; aliso italiano**
[Alnus cordata]
Italian alder
aliso *m* **rojo**
[Alnus rubra]
red alder
allamanda *f*; **jazmin** *m* **de Cuba; trompeta** *f* **dorada; trompeta de oro**
[Allamanda cathartica]
golden trumpet
almáciga *f*
mastic; mastic resin
almáciga *f*; **cama** *f* **de almáciga; almácigo** *m*
nursery bed
almácigo *m*
mastic tree
almendra *f*
almond nut; kernel; stone
almendro *m*; **almendrero** *m*; **almendro florido**

[Prunus amygdalus],[Prunus dolcis]
almond tree
almendruco *m*
green almond
almiar *m* **de heno**
hayrick; haystack
almiarar el heno
stack hay, to
almidón *m*
starch
almocafre *m*
hoe; hoe-fork; weeding hoe
alocasia *f*; **oreja** *f* **de elefante**
[Alocasia macrorrhiza]
elephant's ear
áloe *m* **candelabro; candelabros** *mpl*; **áloe arborescente; planta** *f* **pulpo**
[Aloe arborescens]
candelabra aloe
áloe *m* **melanocantha**
[Aloe melanocantha]
aloe melanocantha
áloe *m* **vera; sábila** *f*; **zábila** *f*
[Aloe vera]
aloe vera
alpina *f*
alpine plant; high-level growing plant
alpiste *m*; **alpistera** *f*
[Phalaris canariensis]
canary grass
alquequenje; farolillo *m* **chino; capul**i
[Physalis alkekengi]
bladder cherry; Chinese lantern
alstroemeria *f*; **lirio** *m* **de los incas; azucena** *f* **peruana**
[Alstroemeria aurantiaca],
[Alstroemeria aurea]

altisa

lily; Peruvian lily
altisa *f*; **pulguilla** *f*
flea beetle; altise
altramuz *m*; **lupino** *m*
[Lupinus]
lupin
alubia *f*
haricot (bean)
aluminio *m*
aluminium
aluvial *adj*
alluvial
alyogyne *m*
[Alyogyne huegelii]
lilac hibiscus; blue hibiscus
amapola *f*
[Papaver orientale]
oriental poppy
amapola *f* **de California**
[Eschscholzia californica]
Californian poppy
cosmos *m*
[Cosmos bipinnatus]
Mexican aster; garden cosmos
amaranto *m*; **cola** *f* **de zorro;**
moco *m* **de pavo**
[Amaranthus caudatus]
amaranth; amaranthus; Prince's feather
diente *m* **de león; amargón** *m*
[Taraxicum officinale]
dandelion
amarilis *f*; **hipeastrun** *m*
[Hippeastrum]
amaryllis; belladonna lily
amarilleo *m*
chlorosis
ambrosia *f*
[Ambrosia artemisiifolia]
ambrosia; ragweed
amento *m*
catkin
diefembaquia *f*
[Dieffenbachia macalata],
[Dieffenbachia seguine]
dumb cane; leopard lily
ampelografia *f*
ampelography
añadir *v*
add, to
añadir al suelo
dig in, to; add to, to (soil)
anagálide *f*; **pimpinela** *f*
escarlata
[Anagallis arvensis]
pimpernel, scarlet pimpernel
análisis *m*
analysis
análisis *m* **de fertilisante**
fertilizer analysis
análisis *m* **del lugar**
site analysis
análisis *m* **del suelo**
soil analysis
análisis *m* **foliar**
foliar analysis; foliage analysis
anaphalis *m*
[Anaphalis margaritacea]
anaphalis; pearly everlasting
anchusa *f*; **chupamieles** *m*;
lengua *f* **de buey; argámula** *f*
[Anchusa azurea]
bugloss, alkanet
andrómeda *f*
[Andromeda polifolia]
bog rosemary
anegado *adj*; **inundado** *adj*
waterlogged; sodden (eg land, soil); flooded
anémona *f*
[Anemone x hybrida]
Japanese anemone

anfibio *m*
amphibian
anguilulina *f*; **anguilula** *f*; **nematodo** *m*
eelworm; nematode
angélica *f*, **hierba** *f* **del espíritu santo**
[Angelica archangelica]
angelica
anhidrido *m* **carbónico (see also dióxido de carbono)**
carbon dioxide
añil *m*; **añilera** *f*
[Indigofera]
indigo plant
anillo *m* **anual (see also anillo de crecimiento)**
annual ring; growth ring
anillo *m* **de crecimiento**
growth ring; annual ring
anis *m* **estrellado, anis de china, badiana** *f*
[Illicium anisatum]
star anise; Chinese anise
anticochinillas
woodlice killer
antihormigas polvo *m*
ant killer; ant powder
antimusgo *m*
moss remover; moss destroyer
antracnosis *f*
anthracnose
• antracnosis de la judia / del melón / del grosellero = anthracnose of bean / cucumber / currant
• antracnosis del ciruelo / cerezo / melocotonero = anthracnose of plum / cherry / peach
antracnosis *f* **del fresón; manchas negras del fresón**
strawberry black spot
anturio *m*; **capotillo** *m*
[Anthurium scherzerianum]
flamingo flower; anthurium
anual *adj*
annual (*cf.* biennial and perennial)
añublo *m*
blight; mildew
apartar *v*
separate, to; move away, to
apicultor *m*; **apicultora** *f*
bee-keeper
apicultura *f*
bee-keeping
apio *m*
[Apium graveolens var. dulce]
celery, smallage, small parsley
apio *m* **nabo; apio-nabo** *m*; **apio** *m* **rábano**
[Apium graveolens var. rapaceum]
celeriac
apio *m* **silvestre**
smallage; wild celery
aporcado *m*; **apocadura** *f*
earthing up
aporcador *m*
hand ridger; earthing-up rake or shovel
aporcar *v*
earth up, to
aptenia *f*
[Aptenia]
aptenia; red apple groundcover
arabis *m*; **arábide**
[Arabis caucasica]
arabis; wall cress
arable *adj*; **cultivable** *adj*
arable
• tierras *fpl* de cultivo = arable land
arado *m*

arado bisurco

plough; plow (US)
arado *m* bisurco; arado de dos rejas
twin furrow plough
arado *m* de reja
ribbing plough; mouldboard plough
arado *m* rastra; rastrón *m*
harrow plough
aralia *f*; fatsia *f*
[Fatsia japonica]
Japanese aralia
araña *f*
spider
araña *f* roja; arañuela *f* roja; {LA: arañita *f* roja}
red spider; common red spider (mite)
arándano *m*
[Vaccinium myrtillus]
bilberry; blueberry
arándano *m*; arándano azul
[Vaccinium corymbosum]
highbush blueberry
arañuela *f* roja; ácaro *m* rojo; araña *f* dos frutales
red spider mite (fruit tree)
arar *v*
plough, to; plow, to; till, to
araucaria *f*; pino *m* de Chili
[Araucaria araucana]
monkey puzzle tree; Chile pine
araucaria *f*; pino *m* de Norfolk
[Araucaria excelsa]
Norfolk Island pine
árbol *m*
tree
árbol *m* a *m*edio viento
half-standard
árbol *m* de hoja caduca
deciduous tree
árbol *m* de hoja perenne
evergreen tree
árbol *m* de hoja ancha (see also latifoliado)
broadleaf tree; hardwood tree
árbol *m* de tronco alto
standard (tree)
árbol n de Jupiter; Jupiter; lila *f* de las indias
[Lagerstroemia indica]
crape myrtle
árbol *m* del amor; árbol de Judas
[Cercis siliquastrum]
Judas tree
árbol *m* desmochado
pollard; tree which has been pollarded
árbol *m* enano
bonsai; miniature tree
árbol *m* frutal; frutal *m*
fruit tree
árbol *m* de alcanfor; alcanforero *m*
[Cinnamomum camphora], [Laurus camphora]
camphor tree
árbol *m* ornamental
ornamental tree
arbolista
arborist
arboricultor *m*; arboricultora *f*
arborist
arboricultura *f*
arboriculture
arbusto *m*
shrub; bush
• arbustos = shrubbery
arbusto *m* floreciente
flowering shrub
arbusto *m* frutal
fruit shrub; fruit bush
arbusto *m* ornamental; arbusto de adorno

ornamental shrub
arbustos para setos
hedging plants
arce m
[Acer spp.]
maple (tree)
arce m **blanco, arce sicómoro;
falso plátano** m
[Acer pseudoplatanus]
sycamore (maple)
arce m **de Montpellier; arce
menor**
[Acer monspessulanum]
Montpellier maple
arce m **japonés**
[Acer palmatum]
Japanese maple
arce m **comun; arce menor; arce
campestre**
[Acer campestre]
field maple
arce m **real ; arce noruego; arce
aplatanado**
[Acer platanoides]
Norway maple
arcilla f
clay
arcilloso adj
clay; clayey
 • tierra f arcillosa = clay soil;
clayey soil
 • suelo m arcilloso = clay soil;
clayey soil
arco m **iris**
rainbow
arctotis
[Arctotis stoechadifolia]
African daisy; arctotis
ardilla f
squirrel
ardilla f **roja**

[Sciurus vulgaris]
red squirrel
ardilla f **moruna**
[Alantoxerus getulus]
Barbary ground squirrel
arena f
sand
arenaria
[Arenaria]
sandwort
arenoso adj
sandy
 • tierra f arenosa = sandy soil
 • suelo m arenoso = sandy soil
armeria f; **césped** m **de España;
gazón de España**
[Armeria maritima]
armeria; thrift; sea pink
armiño m
stoat (brown); ermine (white)
árnica f
[Arnica montana]
arnica, lamb's skin
arpillera f
sacking; sackcloth; burlap
arraclán m; **frangula** f
[Rhamnus frangula]
alder buckthorn; glossy buckthorn
arrancar de raiz; desarraiger
uproot, to ; pull up, to
arrancar v
start, to (eg motor)
arraigado,-da adj
deep-rooted
arreglar v
mend, to; repair, to; tidy up, to
arreglo m **floral; adorno** m **floral**
flower arrangement
arriata f; **arriate** m **(see also
parterre)**

arriate

border; edge; flower-bed; edge in garden path
arriate m; [SC: **canterro** m **de plantas perenne**]
border; herbaceous border
arriate m **de rosas;** {RPl: **cantero** m **de rosas**}
rosebed
arroyo m
rivulet; stream; rill; furrow; ditch
arte m **de recortar los arbustos en formas de animales etc**
topiary
artemisa f; **altamisa** f; **hierba** f **de San Juan**
[Artemisia vulgaris]
mugwort
arveja f; **veza** f
vetch; tare; {LA: pea}
asiento m **de suegra; grusoni** m; **equinocactus** m; **bola** f **de oro; barril** m **de oro**
[Echinocactus grusonii]
golden barrel cactus; mother-in-law's-seat
aspersor m
garden sprinkler
aspidistra f; **hojas** fpl **de salon; hoja** f **de lata; hojalata** f
[Aspidistra elatior]
aspidistra; cast-iron plant
aspiradora f
blower; vacuum cleaner
áster m; **reina** f **margarita; maya**
[Aster]
aster
áster m **alpino**
[Aster alpinus]
alpine aster
áster m, **septiembre**
[Aster amellus]

aster amellus; Italian aster
astericus m
[Asteriscus maritime]
astericus
astilladora f
chipper; brush chipper
astrophytum myriostygma
[Astrophytum myriostygma]
bishop's cap; bishop's mitre
atado m **(de las vides)**
tying (of vines);
• atar las vides = to tie the vines
atadura f
tie; fastening
atar (eg las vides)
tie, to (eg vines); to tie up
aterrazamiento m
terracing (eg of arable land)
aucuba f; **laurel** m **manchado**
[Aucuba japonica]
aucuba japonica; gold-dust plant; Japanese laurel
aulaga f; **aulaga espinosa; aulaga negra; aliaga** f
[Calicotome spinosa]
thorny broom; spiny broom
ave f
bird (large)
• ave de rapiña = bird of prey
• ave de corral = chicken; fowl
avellana f
hazelnut; cob nut; filbert
avellano m **europeo**
[Corylus avellana]
hazel (tree); European hazel
• madera de avellano = hazel wood
avena sterilis
[Avena sterilis]
animated oats; ornamental oats
avena f, **avena común**

[Avena sativa]
oats
avenar *v*
drain, to (land)
avispa *f*
wasp
avispero *m*
wasp's nest
avispón *m*
hornet
azada *f*
draw hoe
azada *f* **de doble filo**
scuffle hoe; swoe
azada *f* **mécanica**
hoeing machine
azada *f* **rotativa**
rotary hoe
azadilla *f*
gardener's hoe; small hoe
azadón *m*
hoe
• azadón de motor de gasolina = mechanical hoe (petrol motor)
azadón *m*; **azadón de peto; azadón de pico**
mattock
azadón *m* **rotatorio**
rotary hoe; rotary cultivator
azadonar *v*; **pasar la azada**
hoe, to
azafrán *m*; **flor** *f* **de azafrán**
[Crocus sativus]
crocus; saffron crocus
azahar *m*; **azahares; azahar de naranja**
[Citrus aurantium], [Citrus sinensis]
orange blossom
azalea *f*
[Azalea japonica]
azalea

azalea *f* **amarilla**
[Rhododendron luteum]
azalea; yellow azalea; honeysuckle azalea
azucena *f*; **lirio** *m* **blanco; lirio de San Antonio**
[Lilium candidum]
white lily; Madonna lily
azucena *f*
[Lilium regale]
regal lily
• azucena rosa = belladonna lily
• azucena tigrina = tiger lily
azuela *f*
adze
azufaifo *m* ; **yuyubo** *m*
[Ziziphus jujuba]
jujube; Chinese date
azufre *m*
sulphur; sulfur

B

babosa *f*; **babaza**
slug
bacteria *f*; **bacterias** *fpl*
bacteria
balde *m*
bucket; pail (canvas or leather))
• un balde de agua = a bucket(ful) of water
baldío *m*
uncultivated land; common land; wasteland; fallow land
baldosa *f*
flagstone; floor tile
balsa *f*
pool, pond; water storage for irrigation
balsamina *f*

bambú

balsam (plant); balsam apple
bambú *m*
[Bambusa]
bamboo
bambú *m* **dorado; bambú japonés**
[Phyllostachys aurea]
fishpole bamboo; golden bamboo
bananero *m* **japonés; platanero** *m* **japonés**
[Musa basjoo]
Japanese banana; Japanese hardy banana
bananero *m*; **platanero** *m*; **plátano** *m*
[Musa x paradisiaca]
plantain tree; banana tree
• plátano falso = sycamore maple
bancal *m*
bed (cultivated); patch; plot; terrace
banco *m*
seat; bench
banco *m* **de jardin**
garden seat
baniano *m*; **higuera** *f* **de Bengala; higuera indica**
[Ficus benghalensis]
banyan tree; Bengal fig
barba *f* **de cabra**
[Aruncus dioicus]
goat's beard
barbacoa *f*
barbecue
barbecho *m*
fallow land; ploughed land ready for sowing
barqueta *f*; **canastilla** *f*; **cajita** *f*
punnet
barredera *f*; **barredora** *f*
road sweeper (vehicle)
barredora *f* **de hojas**
leaf-collector; leaf sweeper
barrena *f* **de hoyos**
post-hole digger
barrenillo *m*
borer (insect)
barrenillo *m* **del olivo**
olive bark beetle
barrer *v*
sweep, to; sweep up, to
barrera *f* **contra el viento**
windbreak
barril *m* **para agua**
water butt
barro *m*
mud; clay (moulding)
bartsia alpina
[Bartsia alpina]
alpine bartsia
basura *f* **del jardin**
garden rubbish
baya *f*
berry
• baya de acebo = holly berry
baya *f* **del espino**
haw
bayas *fpl*
soft fruit
begonia *f*
[Begonia]
begonia
begonia *f* **de alas de ángel**
[Begonia coccinea]
angelwing begonia
begonia *f* **rex; begonia de hoja**
[Begonia rex]
begonia rex
bejuco *m*; **liana** *f*
liana
bejuco *m* **de verraco; cainca** *f*

boca de dragón

[*Chiococca alba*]
milkberry; snowberry
beleño *m*; **beleño** *m* **negro**
[*Hyoscyamus niger*]
henbane; black henbane
belladona *f*
[*Atropa belladonna*]
belladona; deadly nightshade
bellota *f*
acorn
berenjena *f*
[*Solanum melongena*]
aubergine; eggplant
bergamota *f*
[*Monarda*]
bergamot
bergenia *f*
[*Bergenia x schmidtii*]
bergenia
berro *m*; **mastuerzo** *m* **de agua**
[*Nasturtium officinale*]
watercress
berro *m* **de agua; berro de fuente**
cress; watercress
berza *f*
cabbage
berza *f* **lombarda**
[*Brassica oleracea*]
red cabbage
berza *f* **ornamental**
[*Brassica oleracea*]
ornamental cabbage
betónica *f*, **hierba betónica;**
hierba *f* **feridura**
[*Stachys officinalis*]
betony, hedge nettle, woundwort
betún *m* **de injertar; mastic** *m*
para injertar
grafting wax; tree grafting wax
bianual *adj*; also *m*
biannual (appearing twice a year)

bicho *m*
insect; bug; maggot; creepy-crawly; small animal
bidens *m*; **verbena** *f* **amarilla**
[*Bidens ferulifolia*]
bur marigold; apache beggarticks
bieldo *m*
winnowing fork; pitchfork; hayfork
bienal *adj*
biennial (every two years)
bienal *f*
biennial (plant) (second year flowering)
bifurcación *f*
bifurcation
bignonia *f* **blanca; pandora**
[*Pandorea jasminoides*]
bower vine
bignonia *f* **rosa; bignonia rosada**
[*Podranea ricasoliana*]
pink trumpet vine
binadera *f*
two-pronged fork and hoe
binadora *f*
hoeing machine
bioestimulante *m*
plant stimulant
biológicamente *adv*
organically
• las plantas son cultivados biológicamente = the plants are grown organically (sin pesticidas ni fertilizantes artificiales)
biotrituradora *f*
shredder for vegetation
blanquear *v*
bleach, to (eg by sun); to blanch
bloque *m*
block; slab of rock
• bloque de piedra = stone block
boca *f* **de dragón**

bocha peluda

[*Antirrhinum majus*]
snapdragon, antirrhinum
bocha *f* peluda
[*Lotus hirsutus*]
hairy canary clover lotus
boj *m*; boj común; boje *m*; turco boj
[*Buxus sempervirens*]
box tree; common box; European boxwood; Turkey boxwood
viburno *m* ; bola *f* de nieve; mundillo *m*; sauquillo *m*
[*Viburnum opulus*]
guelder rose; viburnum
bola *f* de toro
[*Cochlospermum vitifolium*]
buttercup tree
boldo *m*
[*Peumus boldus*]
boldo
bolsa *f*
bag; sack
• bolsa de (la) basura = garbage bag; rubbish bag; trash bag
• bolsa de cultivo = growbag
bolsa *f* de pastor; pan y quesillo *m*
[*Capsella bursa-pastoris*]
shepherd's purse
bomba *f*
pump; spray
bomba *f* para agua; bomba de agua
water pump
bomba *f* riego
irrigation pump; hosing, spraying pump
bomba *f* sumergible
submersible pump
bombear *v*
pump, to; pump out, to

boniato *m*; batata *f*; papa *f* dulce; patata *f* dulce; {Mex: camote *m*}
[*Ipomoea batata*]
sweet potato
bonsai *m*
bonsai
bordeado *adj* de árboles; arbolado *adj*
tree-lined
bordillo *m*
edging; kerb
borraja *f*
[*Borago officinalis*]
borage
boscaje *m*
small wood; thicket; grove
bosque *m*
forest; woodland; woods
bosquecillo *m*
copse; coppice; grove; small wood
bosquete *m*
copse; small wood
botas *fpl* de agua
rubber boots; wellingtons
botas *fpl* de goma
rubber boots
• unas botas = a pair of boots
• un par de botas = a pair of boots
botas *fpl* PVC
PVC boots
botella *f*
bottle
botón *m*
bud
• las rosas están en botón = the roses are in bud
botón *m* de oro
buttercup; kingcup; pot marigold (see *Calendula officinalis*)
botritis *m*; podredumbre *f* gris; moho *m* gris

botrytis; grey mould; fruit grey mould
bráctea f
bract
bramante m
twine; string
brecina f, **brezo** m
[Calluna vulgaris]
heather; heath; Scotch heather; ling
brécol m; **brócoli** m
[Brassica oleracea var italica]
broccoli; sprouting broccoli
breña f, **breñal** m
scrub; scrubland; rough ground
brezal m
heathland; moor
brezo m **blanco**
[Erica arborea]
tree heath
brócoli m; **bróculi** m; **brécol** m
broccoli
brote m
shoot
brote m; **brota** f
bud; shoot
• tener brotes = to be in bud
• echar brotes = to come into bud
brote m **adventicio**
adventitious shoot
brote m **axilar**
axillary shoot
brote m **de plaga secundaria**
secondary pest outbreak
brote m **terminal**
top shoot; terminal shoot
bruma f
mist; sea mist
• bruma del alba = morning mist
budleya f, **budleia** f
[Buddleia davidii]

cactus de barril

buddleia; butterfly bush
buganvilla f, **bouganvilla** f, **bugambilia** f, **Santa Rita** f
[Bougainvillea glabra]
paperflower; bougainvillea
buhedal m
bog
búho m; {**Mex: tecolote** m}
long eared owl
bulbo m
bulb (eg daffodil, tulip); corm

C

caballete m; **burro** m **(para serrar)**
sawbench; sawhorse
caballito m **del diablo**
damselfly
caballo m
horse
caballón m
ridge; border; bank of earth
• acaballonar v = to ridge land
cabaña f
shed; hut; tool shed; cabin
cabezuela f
flower head; floret (of cauliflower); tip (of asparagus)
cabillo m
stalk; stem
cacahuete m {**LA: mani** m}
[Arachis hypogaea]
peanut plant
cactus m; **cacto** m
cactus
cactus m **cacahuete**
[Chamaecereus silvestrii]
peanut cactus
cactus m **de barril**
[Ferocactus]

cactus de navidad

barrel cactus
cactus *m* **de navidad; cactus de acción de gracias; cactus de pascua**
[Schlumbergera]
Christmas cactus
caducifolio,-lia *adj* **(see also caedizo, caduco, deciduo)**
deciduous
caduco,-ca *adj*
deciduous
caedizo, -za *adj*
deciduous
caer *v* **en cascada**
cascade, to
caida *f* **de almáciga; enfermedad** *f* **de los semilleros; podredumbre** *f* **de las plántulas**
damping off, (of seedlings)
caja *f*
box; case
caja *f* **de simientes**
seed box; seed tray
cajón *m* **para flores**
flower box
cajón *m* **sembrador; caja** *f* **de semillero; caja de simientes**
seed tray
cajonera *f*
frame
cajonera *f* **(para cultivo forzado)**
forcing frame
cajonera *f* **templada**
temperate frame
cajú *m* **brasileño**
[Anacardium occidentale]
cashew nut tree
cal *f*
lime
• cal-azufre = llime-sulfur
cal *f* **apagada**
slaked lime
cal *f* **muerta**
slaked lime
cal *f* **viva**
quicklime
cala *f*; **lirio** *m* **de agua; alcatraz** *m*; **aro** *m* **de Etiopia; cartucho** *m*
[Zantedeschia aethiopica]
arum lily; common calla; water lily
calabacin *m* **{Mex: calabacita** *f***}**
[Cucurbita pepo]
courgette; zuchini; vegetable marrow
• calabacita = baby marrow
calabaza *f* **(seta** *f* **comestible); cepe** *m* **de Burdeos**
[Boletus edulis]
cep (edible mushroom)
calabaza *f*
gourd
calabaza *f*; **calabacin** *m* **{Per,SC: zapallo** *m***}**
[Curbita pepo]
pumpkin ; squash; vegetable marrow
caladium *m*; **caladio** *m*; **oreja** *f* **de elefante**
[Caladium]
elephant ear
calatea *f*; **galatea** *f*
[Calathea ornata]
calathea; pin-stripe plant; maranta
calcio *m*
calcium
• planta *f* calcicola = plant thrving in lime-rich soil
calderones; flor *f* **de San Pallari**
[Trollius europaeus]
globeflower
caldo *m* **bordelés**
Bordeaux mixture

calendario *m*
calendar; list; schedule; timetable
• calendario lunar = lunar calendar
caléndula *f*; **maravilla** *f*
[Calendula officinalis]
marigold; pot marigold; calendula
cáliz *m*
calyx
caliza *f*
limestone
• piedra caliza molida = crushed limestone
calizo,-za *adj*
limy
• piedra caliza = limestone
callistemon *m*; **árbol** *m* **del cepillo**
[Callistemon]
bottlebrush
callo *m*
callus
cama *f*
bed; frame; cold frame; glass frame; layer
cama *f* **caliente**
frame, hot; hot frame;; heated frame; hotbed
cama *f* **de estiércol**
open hotbed; manure hotbed
cama *f* **de multiplicación**
propagation bed
cama *f* **fria**
cold frame
cambiar *v*
change, to; exchange, to
cambiar de maceta
repot, to; pot on, to
cambrón *m*, **cervispina** *f*, **espino** *m* **cerval,**
[Rhamnus catharticus]
buckthorn; common buckthorn
camelia *f*

[Camellia japonica]
Japanese camellia
camomila *f*; **manzanilla** *f*
[Chamaemelum nobile]
common chamomile; roman chamomile; camomile
campana *f* **de cristal; plástico para proteger plantas**
cloche
campanilla *f*
[Campanula latifolia]
giant bellflower; large campanula
campanilla *f*
[Campanula lactiflora]
milky bellflower
campanilla *f*; **campanillas de primavera**
[Leucojum aestivum]
summer snowflake; Loddon lily; bellflower
campanilla *f* **de las nieves; campanilla de invierno**
[Galanthus nivalis]
snowdrop
campañol *m*
water vole
campiña *f*
countryside; landscape; area of cultivated land
campo *m*
field; countryside
caña *f*
cane (eg from bamboo)
caña *f* **común; carrizo; junco** *m* **gigante**
[Arundo donax]
giant reed
caña *f* **de azúcar; caña dulce**
[Saccharum officinarum]
sugar cane

caña de las Indias

caña de las Indias; caña india; platanillo de Cuba
[Canna indica]
canna; canna lily; Indian shot
canal *m*
canal; channel
• canal de drenaje = drainage channel;
• canal de riego = irrigation channel
• canal de desagüe = drain
canal *m*; **canaleta** *f*; **canalón** *m*
gutter (roof)
• gotera = gutter (architecture)
• alcantarilla = street gutter
cáñamo *m*
hemp (plant); hemp cloth
cáñamo *m* **común ;cáñamo indico; cannabis** *m*
[Cannabis sativa]
cannabis (plant); hemp (plant)
cancro *m*
canker
candelilla *f*
catkin
canela *f*; **árbol** *m* **de la canela**
[Cinnamomum zeylanicum]
cinnamon
canto *m*
stone; pebble
• canto rodado = pebble
cantueso *m*
[Lavandula stoechas]
Spanish lavender; French lavender
capa *f* **freática**
aquifer; phreatic stratum; water table
capa *f* **arable**
topsoil
capa *f* **organica**
organic layer (at soil surface)

capa *f* **superficial del suelo (see also mantillo)**
topsoil
capa *f* **superior**
topsoil
capa *f* **vegetal**
plant cover; living soil cover
capacho *m*
basket
capilera *f*; **adianto** *m*; **cabello** *m* **de Venus**
[Adiantum capillus veneris]
maidenhair fern
capuchina *f*
[Tropaeolum majus]
nasturtium; Indian cress
laurel *m* **cerezo, lauroceraso; laurel real; lauro** *m*
[Prunus laurocerasus],
[Laurocerasus officinalis]
cherry laurel
capullo *m*
bud (of flower); cocoon (insect)
capullo *m* **de rosa; pimpollo** *m* **de rosa**
rosebud
caqui *m*
[Diospyros kaki]
persimmon (Japanese), kaki; (fruit) persimmon, kaki
cárabo *m*
tawny owl
caracol *m*
snail; garden snail
carcoma *f*
deathwatch beetle; wood-borer
carcoma *f*; **polilla** *f* **de la madera**
woodworm
carcomido *adj*
wormy (wood); rotten; decayed
cardencha *f*

cavidad

[Dipsacus fullonum]
teasel
cardo *m*
[Cirsium vulgare]
thistle
cardo *m* **corredor**
[Eryngium giganteum]
thistle; giant sea holly; Miss Willmott's ghost
cardo *m* **borriquero**
[Onopordum acanthium]
cotton thistle; Scotch thistle
carencia *f*
deficiency
carlina *f* **angélica**
[Carlina acaulis]
carline thistle; alpine thistle
carnoso,-sa *adj*
plump; fleshy; full (of fruit)
carpe *m*; **carpe europeo**
[Carpinus betulus]
hornbeam; European hornbeam
carpidor *m*; **carpidora** *f*
weeding hoe
carraspique *m*
[Iberis amara]
wild candytuft
carraspique *m*; **cestillo** *m* **de plata**
[Iberis sempervirens]
candytuft
carretel *m* **de manguera**; **carretilla** *f* **para manguera**
hose reel
carretilla *f*
wheelbarrow
• carretilla de mano = handcart; barrow
carretilla *f* **aluminio**
sack trolley, (aluminium)
casa *f*
house; home; company; firm
cascada *f*; **salto** *m* **de agua**
waterfall; cascade
cascajo *m*
grit; gravel
casia *f*; **rama** *f* **negra**; **sen** *m* **del campo**
[Senna corymbosa]; *[Cassia corymbosa]*
senna; flowery senna; Argentine senna
castaña *f*
sweet chestnut (nut)
castaña *f* **de Indias**
horse chestnut (nut)
castaña *f* **de agua**
[Trapa natans]
water chestnut
castaño *m*
[Castanea sativa]
chestnut tree, Spanish chestnut tree, sweet chestnut tree
castaño *m* **de Indias**
[Aesculus hippocastanum]
horse chestnut tree
catalpa *f*
[Catalpa bignonioides]
catalpa; cigar tree; Indian bean tree
cattleya *f*, **catleya**; **lirio** *m* **de mayo**; **lirio de San Juán**; **sanjuan** *m*
[Cattleya]
cattleya; corsage orchid
caucho *m*; **goma** *f*
rubber
cava *f*
hoeing
cavar *v*
dig, to; hoe, to
cavidad *f*

ceanothus

cavity
ceanothus *m*
[Ceanothus]
Californian lilac; ceanothus
cebada *f*
[Hordeum distichon], [Hordeum vulgare]
barley
cebo *m* **para hormigas**
ant bait; ant powder deterrent
cebolla *f*
[Allium cepa]
onion
cebolla *f* **ornamental; ajo** *m* **ornamental; alium**
[Allium cristophii]
ornamental onion; ornamental allium
cebolleta *f*; **cebollina** *f*; **cebollino** *m*; **cebolla** *f* **verde**
spring onion; chive
cebollino *m*
onion set; young onion fit for transplanting; onion seed
cebollinos *mpl*; **cebolletas** *fpl*
[Allium schoenoprasum]
chives
cebollita *f*
pickling onion
cedro *m* **del Líbano; cedro de Salomón**
[Cedrus libani]
cedar of Lebanon; Lebanese cedar
cedro *m*, **cedro español; cedro oloroso**
[Cedrela odorata]
Spanish cedar
ceibo *m*; **arbol** *m* **del coral; flor** *f* **de coral**
[Erythrina crista-galli]
coral tree

celidonia *f*; **celidonia mayor**
[Chelidonium majus]
celandine; greater celandine
celidonia *f* **menor**
[Ranunculus ficaria]
celandine; lesser celandine
celinda *f*; **falso naranjo** *m*
[Philadelphus coronarius]
mock orange
celosia *f*
trellis (for plants); latticework
célula *f*
cell
cenador *m*
summerhouse; bower; arbour
cenagoso,-sa *adj*
boggy; muddy
cenicilla *f* **(see also mildiu polvoriento)**
powdery mildew
cenizo *m*
[Centaurea cineraria]
dusty miller; knapweed
centaura *f* **menor;centaurea** *f* **menor**
[Centaurium umbellatum]
centaury, European centaury
cepa *f*
stump (eg tree); stock; vine stem or stock
• cepa de vid = vine stock
cepellón *m*
root ball
cepillar *v*
brush, to; plane, to (wood)
cepo *m*
trap; snare
cera *f*
wax
• cera de abeja = beeswax
cerca *f* {LA: **cerco** *m*}

fence; wall; hedge
- cerca de alambre = wire fence
- cerca de madera = wood fence
- cerca de piedra = stone wall
- cerca viva = hedge

cercado *m*
fence; enclosure; enclosed garden or orchard

cercar *v*
hedge, to; fence, to; enclose, to

cereus *m*; **céreo** *m*; **cirio** *m*; **acacana** *f*; **tunila** *f*
[Cereus]
cereus

cereza *f*
cherry (fruit)
- cereza silvestre = wild cherry
- guinda = black cherry

cereza *f* **mollar**
heart cherry; gean cherry (fruit)

cerezal *m*
cherry orchard

cerezo *m*
[Prunus avium]
wild cherry tree ; sweet cherry; gean
- flor de cerezo = cherry blossom

cerezo *m*
[Prunus]
cherry tree

cerezo *m* **de flor**
[Prunus incisa]
Fuji cherry

cerezo *m* **japonés; cerezo del Japón; cerezo de flor**
[Prunus serrulata]
Japanese flowering cherry

cerezo *m* **mollar**
heart cherry tree

cerezo *m* **negro; capulin** *m*
[Prunus serotina]

chirivia

blak cherry (tree)

cerrar *v*
close, to; shut, to; turn off, to (tap)

césped *m*
grass; lawn

cesta *f*   {LA: **canasta** *f*}
basket; shopping basket

cesto *m* **colgante para plantas**
hanging basket

chalote *m*; **chalota** *f*
shallot

chamusco *m*
scorch

chamusquina *f*
scorch

chanchito *m* **blanco**
[Pseudococcus Sp.]
mealy bug; woolly aphid

chapodar *v*; **recepar** *v*
cut-back, to; lop, to; prune, to

charca *f*
pond; pool

cheiridopsis *m*
[Cheiridopsis candidissima],
[Cheiridopsis denticulata]
victory plant; goat's-horns

chinche *f* **del manzano**
[Lygus pabulinus]
common green capsid bug

chinche *f/m* **verde; chinche del manzano**
apple capsid bug

chirimoya *f*
custard apple (fruit)

chirimoyo *m*
[Annona cherimola]
custard-apple tree; cherimoya

chirivia *f*; **pastinaca** *f*
[Pastinaca sativum]
parsnip

chopo *m*

chorisia

[*Populus nigra*]
poplar, black poplar
chorisia *f*; **arbol** *m* **botella; arbol de la lana**
[*Chorisia speciosa*]
floss silk tree
chrysoperia *f*
[*Chrysoperia rufilabris*]
green lacewing
chumbera *f* **(see also nopal; tuna)**
prickly pear cactus
chupón *m*
sucker; shoot
cica *f*; **palma** *f* **de sagú; cyca** *f* **revoluta; sagú** *m* **del Japón**
[*Cycas revoluta*]
Japanese sago palm
ciclamen *m*
[*Cyclamen hederifolium*]
sowbread
ciclamen *m*; **ciclamino** *m*
[*Cyclamen*]
cyclamen
ciclo *m* **de poda**
pruning cycle
ciempiés *m inv*
centipede
ciénaga *f*
swamp; marsh
ciencia *f* **del suelo**
soil science
ciervo *m* **volante; ciervo volador**
stag beetle
cigarra *f*
cicada
cilantro *m*; **coriandro** *m*; **culantro** *m*
[*Coriandrum stativum*]
coriander
cinamomo *m*; **melia** *f*; **arbol** *m* **santo**
[*Melia azedarach*]
bead tree; Persian lilac
cineraria *f*
[*Senecio hybridus*]
cineraria
cinta *f*
[*Chlorophytum comosum*]
spider plant
cinta *f* **de injertar**
grafting tape
cipero *m*; **paraguas** *m*
[*Cyperus involucratus*]
umbrella sedge; umbrella plant
ciprés *m* **común;**
[*Cupressus sempervirens*]
Italian cypress; Mediterranean cyprus; funeral cypress
ciprés *m* **de Arizona; ciprés azul; ciprés blanco**
[*Cupressus arizonica*],[*Cupressus glabra*]
Arizona cypress; smooth cypress
ciprés *m* **de Lawson; cedro** *m* **blanco; cedro de Oregón**
[*Chamaecyparis lawsoniana*]
Lawson cypress; false cypress
ciprés *m* **dorado de Monterey**
[*Cupressus macrocarpa*]
Monterey cypress
ciruela *f*
plum (fruit)
ciruela *f* **claudia; ciruela** *f* **verdal**
greengage (fruit)
ciruela *f* **damascena**
damson (fruit)
ciruela *f* **mirabelle**
[*Prunus domestica var. syriaca*]
mirabelle plum
ciruela *f* **pasa**
prune
ciruelo *m*

[Prunus domestica]
plum tree
ciruelo *m* **claudio**
[Prunus domestica rotunda],
[Prunus domestica italica]
greengage tree
ciruelo *m* **damasceno**
[Prunus insititia]
damson tree
cisterna *f*
tank; water-tank; cistern
cizaña *f*
darnel
clasificar *v*
sort, to; sort out, to; classify, to
clavar *v*
hammer into, to; drive into, to; nail, to
clavel *m*
[Dianthus]
carnation
clavel *m*; **clavellina** *f*
[Dianthus chinesis]
Indian pink
clavel *m* **de las Indias; clavelón** *m*; **tagete** *m*
[Tagetes erecta]
marigold; African marigold; Aztec marigold; common marigold
clavellina *f*
pink
clavero *m*
clove tree
clavo *m*
nail; spike; stud
clavo *m* **de olor; clavillo** *m*
clove
clemátide *f*; **hierba** *f* **de los mendigos**
[Clematis vitalba]
woolly grape scale insect

cochinilla algodonosa

clematis, old man's beard; traveller's joy
clerodendro *m*; **clerodendron** *m*
[Clerodendrum thomsoniae]
glory-bower; bleeding heart vine
clima *m*
climate
clima *m* **mediterráneo**
mediterranean climate
clivia *f*
[Clivia miniata]
Kaffir lily; bush lily
clon *m*
clone
clorato *m* **de sodio; clorato sódico**
sodium chlorate (a weed killer)
clorofila *f*
chlorophyll
clorosis *f*
chlorosis
cobertizo *m*
shed; garden shed; outhouse; lean-to
cobertizo *m*
Dutch barn; open-sided barn
cobertizo *m* **para herramientas**
toolshed
cobertura *f* **de suelo**
ground covering plant
cochinilla *f*
scale insect; cochineal insect; woodlouse
• cochinilla del olivo = olive scale insect
• cochinilla roja = dictyospermum scale insect
cochinilla *f* **algodonosa**
citrus mealy bug
cochinilla *f* **algodonosa de la vid**

33

cochinilla *f* **harinosa de los citrus**
[Pseudococcus citri], [Planococcus citri]
citrus mealybug

coco *m* **plumoso; arecastrum** *m*; **palma** *f* **de la reina**
[Arecastrum]
Queen palm; coco palm

cocotero *m*
[Cocos nucifera]
coconut palm

codeso *m*; **laburno** *m*
[Laburnum x waterei "Vossii"]
Voss's laburnum

col *f* see also **repollo** *m*; **berza** *f*
cabbage

col *f* **de Bruselas; coles** *fpl* **de Bruselas; repollo de Bruselas**
[Brassica oleracea var. gemmifera]
Brussels sprout(s)

col *f* **de jardin; col ornamental**
[Brassica oleracea]
ornamental cabbage

col *f* **lombarda; col roja; repollo** *m* **rojo**
[Brassica oleracea var. capitata]
red cabbage

col *f* **maritima; col marina**
seakale

cola *f* **de borrego; cola de burro**
[Sedum morganianum]
donkey-tail; burro's tail

cola *f* **de zorro; candelabro** *m* **del desierto**
[Eremurus]
foxtail lily; king's spear; desert candle

cóleo *m*; **cretona** *f*
[Coleus blumei]
coleus

coliflor *f*; **col** *f* **de flor**
[Brassica oleracea var botrytis cauliflora]
cauliflower

colmena *f*
beehive

color *m*; **colores** *mpl*
colour; colours

cólquico *m*; **cólquico de otoño**
[Colchicum autumnale]
meadow saffron crocus; autumn crocus

colutea *f*; **espantalobos** *m*, **garbancillo** *m*, **sonajas**
[Colutea arborescens]
bladder senna

colza *f*
rape; colza
• aceite de colza = rape-seed oil

comadreja *f*
[Mustela nivalis]
weasel

comer *v*
eat, to

comerciante *m* **en semillas**
seed merchant

compost *m*
compost

compostador *m*
composter

compostaje *m*
composting; compost

comprar *v*
buy, to

conectar *v*
connect, to; connect up, to

conejera *f*
rabbit-hutch

conejo *m*; **coneja** *f*
[Oryctolagus cuniculus]
rabbit

conejo *m* **domestico**
rabbit/ pet, tame, domestic
confinamiento *m* **de raiz**
root bound
confinamiento *m* **en maceta;**
confinamiento en recipiente;
confinamiento en tiesto
pot bound
congelación *f*
1 freezing; 2 frostbite
conifera *f*
conifer
conifero *adj*
coniferous
cono *m*
cone
construir *v*
build, to; construct, to
consuelda *f*
[*Symphytum officinale / officinalis*]
comfrey
consuelda *f* **media; búgula** *f*;
ajuga *f*
[*Ajuga reptans*]
common bugle; carpenter's herb;
bugleweed; carpetweed; ajuga
consuelda *f* **menor; bruneta** *f*
vulgar
[*Prunella vulgaris*]
self heal, all heal
contador *m* **de pH**
pH meter
contenedor *m*
container; bin; skip
control *m* **biológico**
biological control
copa *f*
crown (of tree); top
copa *f* **de oro; solandra** *f*; **copa dorada; trompetas** *fpl*
[*Solandra maxima*]

coronaria

cup of gold; golden chalice tree;
chalice vine
cordel *m* {Mex: **mecate** *m*}
string; cord; line
• a cordel = in a straight line
cordilina *f*; **drácena** *f*; **árbol** *m*
repollo
[*Cordyline australis*]
New Zealand palm lily; New
Zealand cabbage tree
coreopsis
[*Coreopsis*]
coreopsis; tickseed
cormo *m*
corm
corneja *f*
crow; carrion crow
• corneja calva = rook
• corneja negra = carrion crow
cornejo *m*
[*Cornus sanguinea*]
dogwood
cornejo *m* **macho; cornejo de Cornelia**
[*Cornus mas*]
Cornelian cherry (dogwood)
corona *f* **de espinas; espinas** *fpl*
de Cristo; corona de Cristo
[*Euphorbia milii*]
crown of thorns
corona *f* **de la raiz**
root crown; root collar
corona *f* **de novia; espirea** *f* **del Japón; espirea; coronita de novia**
[*Spiraea cantoniensis*]
spirea; Reeve's spirea; double
bridal wreath
coronaria *f*; **clavel** *m* **lanudo;**
candelaria *f*

coronilla
[Lychnis coronaria]
lychnis coronaria; campion; rose campion
coronilla *f*
[Coronilla varia]
crown vetch
corral *m*
yard; farmyard
• corral de madera = timberyard
corrector *m* **de carencia**
deficiency treatment
correhuela *f* **menor; correguela** *f* **silvestre; convólvulo** *m*
[Convolvulus arvensis]
bindweed; convolvulus
cortabordes *m*
lawn edger; lawn edge cutter
cortacésped *m*
hand mower; lawnmower
cortacésped *m* **de gasolina**
petrol grass mower
cortacésped *m* **eléctrico**
electric grass mower
cortacésped *m* **tipo mayal**
flail-type cutters mower
cortadora *f* **de césped**
lawn mower; grass cutter
cortadora *f* **de césped; cortacésped** *m*
mower; lawnmower
cortahierbas *f*
strimmer
cortapicos *m*; **cortapichas** *m* **(colloq)**
earwig
cortar *v*
cut, to; cut off, to; cut down, to (eg tree); separate, to; divide, to; shear, to; clip, to
• cortar el césped = to cut or mow the lawn

cortar o quitar las flores marchitas a
remove, to; cut off, to (eg dead flowers); dead-head, to
cortaseto *m*; **cortador** *m* **de setos**
hedge cutter; hedge trimmer
cortasetos *m* **eléctrico**
hedge cutter, electric; hedge trimmer
cortavientos *m* *inv*
windbreak
corte *m*
cut; cutting; pruning
corteza *f*
bark (of tree)
corteza *f* **de pino**
pine bark
coscoja *f*; **chaparro** *m*
[Quercus coccifera]
Kermes oak
cosecha *f*
harvest; harvest time; crop; vintage
• de cosecha propia = home-grown
• la cosecha de 2005 = the 2005 vintage
cosecha *f* **tardia**
late vintage
cosechador *m*; **cosechadora** *f*
reaper (person); harvester (person)
cosechadora *f*
mechanical reaper; combine harvester
cosechar *v*
1 harvest, to; gather, to; 2 grow, to; cultivate, to
cosmos *m*
[Cosmos bipinnatus]
cosmos

costilla *f* **de Adan; monstera** *f*;
cerimán *m*; **piñanona** *f*
[Monstera deliciosa]
Swiss cheese plant; ceriman;
Mexican breadfruit
cotiledón *m*
cotyledon
cotoneaster *f*; **griñolera** *f*;
guillomo *m*
[Cotoneaster horizontalis]
cotoneaster; wall-spray
crassula *f* **multicava**
[Crassula multicava]
fairy crassula; London pride
crasula *f*; **árbol** *m* **de jade; planta**
f **del dinero**
[Crassula ovata]
jade tree; friendship tree; money tree
crear *v*
create, to; establish, to; set up, to
crecer *v*
grow, to; increase, to
creciendo *adj*
growing (eg plant, vegetable)
crecimiento *m*
growth
cresa *f* **(see also cochinilla)**
1 larva; 2 eggs of queen bee; fly's egg; 3 scale insect
cresta *f* **de gallo; celosia** *f*
[Celosia cristata]
cockscomb; fairy fountain
creta *f*
chalk
criba *f*
sieve; screen
cribado *m* **(de las hojas); mal** *m* **de munición; perdigonada** *f*
shot-hole of stone fruit trees
cribar *v*
sieve, to; screen, to
criocero *m* **de la cebolla**
onion leaf beetle
criocero *m* **del espárrago**
asparagus beetle
crisálida *f*
chrysalis; chrysalid; instar
crisantemo *m*
[Chrysanthemum]
chrysanthemum
crisantemo *m* **pompón**
pompom; pompon chrysanthemum
crocosmia *f*: **montbretia** *f*;
montebretia
[Crocosmia x crocosmiiflora]
montbretia
croto *m*; **croton** *m*; **crotos; croto variegado**
[Codiaeum variegatum]
variegated croton
croton *m*; **crotos** *mpl*; **croto** *m*
[Codiaeum variegatum]
variegated croton
cuadra *f*
stable
cuadro *m*
flowerbed (garden)
cubeta *f*
tub; small cask
cubierto *m* **por el terreno**
ground cover
cubo *m*
bucket; pail; tub
• un cubo de agua = a bucket(ful) of water
• cubo lieno = bucketful
cubrir *v*
cover, to; cover over, to; cover up, to
cubrir de hierba

cucaracha

grass over, to (eg land,field)
cucaracha *f*
cockroach
cuchara *f*
trowel; spoon
cucharilla *f*; **cucharita** *f*
teaspoon
• cucharadita = teaspoonful
cuchilla *f*
blade (eg of a tool); knife
cuchilla *f* **para delimitar el césped**
lawn edger
cuchilla *f* **rotatoria**
rotary cutting head
cuchillo *m*
knife
cuerda *f*
rope; string; cord; line
cuerpo *m* **fructifero**
fruiting body
cuervo *m*
raven; carrion crow
cuesta *f*
slope; hill
cuidado *m* **de los setos**
hedging
culebra *f*
grass snake
culebra *f*; **serpiente** *f*; **vibora** *f*
snake; serpent; viper
cultivado *adj*
cultivated (eg land, plant, variety)
cultivador *m*; **cultivadora** *f*
power driven cultivator
cultivador *m* **de mano**
cultivator; small hand cultivator
cultivador(a) *m/f* **de rosas**
rose grower
cultivadora *f*
mechanical cultivator
cultivar *m*; **variedad** *f* **obtenida por selección**
cultivar
cultivar *v*
cultivate, to; farm, to; grow, to
cultivar el huerto
work on the vegetable plot, to
cultivar en rotación
rotate crops, to
cultivo *m* **(see also cosecha)**
1 cultivation; growing; 2 crop
• estar en cultivo = to be under cultivation
• rotación de cultivos = rotation of crops
cultivo *m* **biológico**
organically-grown produce
cultivo *m* **de cobertura**
cover crop
cultivo *m* **de hortalizas bajo cristal**
vegetable growing under glass
cultivo *m* **de hortalizas; cultivo de verduras**
vegetable farming; vegetable growing
cultivo *m* **de tubérculo**
root crop
cultivo *m* **forzado de flores**
flower forcing
cultivo *m* **precedente; precultivo** *m*
previous crop
cultivo *m* **tardio; cultivo retrasado**
late crop
cuña *f*; **calza** *f*
wedge
cuphea *f*; **planta** *f* **del cigarro; fosforito** *m*
[Cuphea ignea]

cigar flower; fire-cracker plant; cuphea
cúrcuma *f*; **azafrán** *m* **de la india**
[Curcuma longa]
turmeric
curry *m*
[Helichrysum angustifolium],
[Helichrysum italicum]
curry plant

D

dalia *f*
[Dahlia]
dahlia
dama *f* **de noche; pitajaya** *f*
[Hylocereus undatas]
queen-of-the-night; nightblooming cirrus
dama *f* **de noche**
[Selenicereus grandiflorus]
queen-of-the-night
dama *f* **de noche; galan** *m* **de noche**
[Cestrum nocturnam]
lady-of-the-night; night jasmine
daño *m* **causado por insectos**
insect damage; insect injury
dar de comer a
feed, to
darbo *m*; **lamburda** *f*
short shoot
dasilirion *m*
[Dasylirion]
bear grass
decepe *m*
grubbing
decidir *v*
decide, to

deciduo,-a *adj* **(see also caducifolio)**
deciduous
dedalera *f*
foxglove
dedos *mpl*; **sedo rojo; sedum rojo**
[Sedum rubrotinctum]
pork and beans; jelly bean plant
deficiencia *f*
deficiency
defoliación *f*
defoliation
defoliación *f*; **caida** *f* **de las hojas**
leaf drop; leaf fall
dehiscente *adj*
dehiscent
dehiscencia *f*
dehiscence
delfinio *m*
delphinium
delosperma *f*; **mesem** *m*
[Delosperma cooperi],
[Mesembryanthemum cooperi]
iceplant, hardy iceplant; trailing; pink carpet
derribar *v* **(see talar)**
fell, to; bring down, to
derribo *m* **(see also tala)**
felling (eg a tree); demolition
• **derribos** *mpl* = rubble; debris
desarraigar *v*
dig up, to; uproot, to; eradicate, to
desarrollar *v*
develop, to
desarrollarse *v*
develop, to; grow, to; reach maturity, to (eg plant)
desbarbar *v*
trim, to (roots)
desbrote *m*

desbrozadora

disbudding
desbrozadora f
strimmer
desbrozar v
strim, to; clear vegetation, to; weed, to
descabezar v
deadhead, to; lop off, to; pollard, to
descepar v
grub, to; uproot, to
descomposición f (see also **pudrición**)
decay; decomposition
desechos mpl **de jardin**
garden waste; garden refuse
desherbaje m
weeding
desherbar v; **desyerbar** v; **deshierbar** v
weed, to
deshielo m
thaw
desinsectación f
insect pest control
desmenuzar v
crumble, to (eg soil)
desmochar v
pollard, to (a tree); lop, to; cut the top off, to
desmoche m
pollarding; topping
despalillar v; **descobajar** v
strip, to; to destalk; to stem
despalillado m
stripping; destalking
despalilladora f
machine for destalking grapes
despampanar v; **despimpollar** v; **destetillar** v
remove side shoots, to
despeje m
clearance; clearing
desplantador m
garden trowel; transplanter
despojarse v
shed, to (eg leaves, petals)
despuntar v
1 pinch off, to; tip, to, 2 cut off empty combs of a beehive, to; 3 sprout, to; bud, to
despunte m
pinching off
desraizar v; **desarraigar** v; {Col: **desenraizar** v}
root out, to; disroot, to
destilar v
distill, to
• agua destilada = distilled water
desyemado m
disbudding
desyemar v; **desbotonar** v
disbud, to
desyerbador m
weeder (hand or mechanical)
deszarcillar v
pinch off, to
dichondra f; **dicondra** f
[Dichondra repens],[Dichondra micranth]
kidney weed
dicliptera f
[Dicliptera suberecta]
king's crown; humingbird plant; firecracker plant
diefembaquia f
[Dieffenbachia]
dumb cane; leopard lily
digital f; **digital amarillo**
[Digitalis purpurea] ;[Digitalis lutea]
foxglove
• digital amarillo = yellow foxglove
diluir v

40

echeveria

dilute, to; thin down, to; dissolve, to
dipladenia *f*; **jazmin** *m* **chileno; mandevilla**
[Mandevilla laxa]
Chilean jasmine; mandevilla
dique *m*
dyke; dike
dirigir *v*
guide, to; train, to
diseñar *v*
design, to; plan, to; draw, to; sketch, to
distancia *f* **entre vides; distancia de cepa a cepa**
spacing between the vines
diversidad *f*
diversity
divertirse
enjoy (oneself), to
dividir *v*
divide, to; split, to; split up, to
dolomia *f*; **caliza** *f* **magnesiana**
magnesian limestone
dondiego *m* **de noche; bella** *f* **de noche; maravilla** *f* **del Peru**
[Mirabilis jalapa]
four oclock flower; marvel of Peru; flower of the night
dorifora *f*
potato beetle; Colarado beetle
dosificación *f*
dosage
dosis *f*
measured quantity; dosage
drácena *f*; **drácena marginata; dracaena de hoja fina**
[Dracaena marginata]
Madagascar dragon tree; red-edged dracaena
drácena *f*; **cordilina** *f*
[Cordyline australis]
New Zealand palm lily
drácena *f*; **tronco** *m* **del Brasil**
[Dracaena fragrans]
corn plant; fragrant dracaena
drenaje *m*
drainage; drain
• canal de drenaje = drainage channel;
drenar *v*
drain, to (land)
drosanthemum floribundum
[Drosanthemum floribundum]
rosacea ice plant
drosanthemum candens
[Drosanthemum candens]
rodondo creeper
dudleya *f*
[Dudleya farinosa]
bluff lettuce; live for ever
duramen *m*; **madera** *f* **de duramen; corazón** *m*
heartwood
duraznero *m*; **durazno** *m* (see also melocotonero)
peach tree

E

ebúrnea *f*; **gaulteria** *f*
[Gaultheria procumbens]
wintergreen
echar *v*
1 begin to grow, to; sprout, to; strike, to (eg cutting); 2 pour, to (liquid)
echar raices
take root, to
echeveria *f*; **rosa** *f* **de alabastro; echeverio** *m*
[Echeveria elegans]

echinocereus

echeveria
echinocereus *m*
[Echinocereus]
hedgehog cactus
ecosistema *m*
ecosystem
elatérido *m*; **elátero del trigo;**
cocuyo *m*
spring beetle; click beetle
eléboro *m*
[Helleborus orientalis]
oriental hellebore; lenten rose
eléboro *m*; **rosa** *f* **de Navidad;**
rosa de Noel
[Helleborus niger]
Christmas rose
eléboro blanco; vedegambre *m*
[Veratum album]
white hellebore; European hellebore
elegir *v*
choose, to; select, to
elodea *f* **canadensis**
[Elodea canadensis]
Canadian waterweed; oxygenating pondweed
embudo *m*
funnel (for liquids)
empalizada *f*
paling fence
emplear *v*
employ, to; use, to
emulsionar *v*; **emulsificar** *v*
emulsify, to
enanismo *m*
stunting; dwarfism
enano,-na *adj*
dwarf
encajonar *v*
box, to; heel in, to (eg seedlings)
encalado *m*; **enmienda** *f* **caliza**
liming
encalar *v*
lime, to; whitewash, to
encañado *m*
1 gutter; water conduit; 2 fan trellis
encepamiento *m*
planting of vineyard; establishing a vineyard
encespedar *v*; **cubrir con césped**
turf, to; sod, to
encina *f*; **carrasca** *f*; **chaparro** *m*
[Quercus ilex]
oak, holm oak; holly oak
encinar *m*
holm-oak wood; oak grove
endivia *f*; **endibia** *f*; **escarola** *f*; **escarole** *f*
[Cichorium endivia]
endive; chicory; curly endive
endrina *f*
sloe (fruit)
endrino *m*; **espino** *m* **negro**
[Prunus spinosa]
sloe; blackthorn
enebro *m* **común; enebro real**
[Juniperus communis]
common juniper
enebro *m* **de la miera**
[Juniperus oxycedrus]
prickly juniper
eneldo m
[Anethum graveolens]
dill
enfermedad *f*
disease; illness
enjambre *m*
swarm (eg of insects)
enmienda *f* **del suelo;**
mejoramiento *m* **del suelo**
soil conditioner

enologia *f*
oenology
enólogo *m*; **enóloga** *f*
oenologist
enramada *f*
garden arch; pergola; arbor
enredadera *f*
creeper; climbing plant
enredadera *f* **de campo**
bindweed
enredadera *f* **de llamas; trompetero** *m* **naranja**
[Pyrostegia venusta]
Brazilian flame vine; flame flower; golden shower
enrejado *m*
trellis (for plants); lattice; grating; railing (balcony)
enrejado *adj*
trellised
enrejado *m* **de alambre**
wire netting; wire netting fence
enrejar *v*
trellis, to; fix grating to a window, to; fence, to
enrodrigonar *v*
stake, to; to prop vines with stakes
enroscarse *v*
twine, to (eg plant)
enterrar *v*
bury, to
entibo *m* **(see also puntal)**
prop
entrelazado *m*
pleaching; intertwining; interlaced
entresaca *f*, **entresaque** *m*
thinning out (of plants)
• entresaca de la copa = crown thinning
entresacar *v* **{Mex: arralar** *v*)
thin, to; thin out, to; single, to

entresaque *m*
thinning
envero *m*
ripening; ripening of grapes
Epiphyllum oxypetalum
[Epiphyllum oxypetalum]
orchid cactus; Dutchman's pipe
época *f* **de plantación**
planting season; planting time
equinopsis *m*; **cacto** *m* **erizo de mar; cactus** *m* **globoso; michoga** *f*
[Echinopsis]
sea urchin cactus
equiseto *m*, **cola** *f* **de caballo**
[Equisetum]
horsetail; scouring rush
erradicación *f*
eradication (eg of pests)
erigeron *m*, **erigeron del Canada; hierba** *f* **de caballo**
[Erigeron canadense]
fleabane, Canadian; horse weed
erizo *m*
hedgehog
erosión *f* **eólica**
wind erosion
erosión *f* **pluvial**
pluvial erosion; rain erosion
escabiosa *f*; **scabiosa** *f*
[Scabiosa atropurpurea]
scabious, scabiosa, pincushion flower
escala *f*; **escalera** *f* **de mano;**
ladder; stepladder
escalera *f* **de extensión**
ladder, extending
• escalera de aluminio = aluminium ladder
escalera *f* **de tijera**
stepladder; pair of steps

escarabajo

• escalera de tijera 5 peldaños = 5-step stepladder
• escalera doble = double-sided ladder; stepladder
escarabajo *m*
beetle
escarabajo *m* **de Colarado**
Colorado beetle
escarabajo *m* **de la patata; {LA: escarabajo de la papa}**
potato beetle; Colarado beetle
escarabajo *m* **pelotero**
dung beetle
escaramujo *m*; **zarzaperruna** *f*; **rosal** *m* **silvestre**
[Rosa canina]
dog-rose; wild rose; briar;
escaramujo *m*
hip; rosehip
escaravia *f*
[Sium sisarum]
skirret, chervin
escarcha *f*
frost; ground frost; white frost; hoar frost
• escarcha del aire = air frost
escarda *f*; **escardadura** *f*; **deshierbo** *m*; **desyerbo** *m*; **carpida** *f* **{LA: desmalezado** *m***}**
weeding
escardadera *f*; **escardadora** *f*; **desyerbadora** *f*
weeding machine; weeder
escardador *m*
weeding hoe
escardar *v*; **carpir** *v* **{LA: desmalezar** *v***}**
weed, to; hoe, to
escardillo *m*
hoe, weeding

escarificar *v*; **trabajar con cultivadora**
culivate, to; grub, to; scarify, to
escarificador *m*
scarifier
escila *f*
[Scilla maritima], [Urginea maritima]
squill, seasquill; sea onion; red squill
escoba *f*
broom; besom
escoba *f* **de barrendero**
road sweeper's broom
escoba *f* **de brujas**
witch's broom (tree disease)
escoba *f* **de césped**
lawn rake
escobón *m*
besom; large broom
escoger *v*
select, to; choose, to
escopio *m*
chisel, wood
escorpión *m*; **alacrán** *m*
scorpion
escrofularia *f*
[Scrophularia auriculata]
water figwort
escudete *m*
bud (for grafting)
• injertar de escudete = shield-grafting
espadaña *f*; **totora** *f*
[Typha latifolia]
bulrush; cattail; false bulrush; reed-mace
espadaña *f* **pequeña**
[Typha angustifolia]
bulrush, lesser bulrush; small reed mace; narrow-leaf cattail

espaldera f
espalier (plant); espalier (method); trellis
• hacer espaldera = to train trees in espalier shape (ie a planar shape, as on a wall)
esparcidor m
spreader
esparcidora f **de abono**
spreader (fertilizer)
esparcidora m **(de estiércol)**
trailer spreader (of manure)
esparcir v
spread, to (eg seeds, sand)
espárrago m
[Asparagus officinalis]
asparagus
• asparagus plant = esparraguera f
• asparagus spear = espárrago m
• asparagus tip = punta f de espárrago
espatifilo m; **espatifilum** m; **cuna** f **de Moisés; bandera** f **blanca**
[Spathiphyllum wallisii]
peace lily; white sails
espátula f
spatula; palette knife
especie f
species
especie f **exótica**
exotic species
espiga f
spike; ear (of grain)
espiga f **de agua; pontederia** f
[Pontederia cordata]
pondweed, water spike; pickerel weed
espiguilla f
spikelet; spicule
espina f
thorn

espinaca f
[Spinacia oleracea]
spinach
espino m, **espino albar; espino blanco**
[Crataegus oxyacantha]
European hawthorh; whitethorn
espino m **albar ; espino blanco; majuelo** m
[Crataegus monogyna]
hawthorn, common variety of
espino m **amarillo; espino falso**
[Hippophae rhamnoides]
sea buckthorn
espino m **blanco; espino ardiente**
[Crataegus laevigata]
may tree; midland hawthorn
espino cerval
[Rhamnus cathartica]
buckthorn, common
espino m **de fuego; piracanta** f; **arbusto** m **ardiente**
[Pyracantha coccinea]
pyracantha; scarlet firethorn
espino m **de Jerusalén; parkinsonia** f
[Parkinsonia aculeata]
Jerusalem thorn; Mexican palo verde
espinoso,-sa adj {Chi: espinudo}
thorny; prickly
espliego m **de jardin; alhucema** f **rizada; alhucema dentada**
[Lavandula dentata]
French lavender
espliego m; **lavanda** f
lavender
espora f
spore

espolvoreador

espolvoreador *m*
powder blower; crop duster
espuela *f* **de caballero**
[Delphinium consolida]
larkspur
esqueje *m*
cutting; scion
esquinantus *m*; **planta** *f* **barra de labios; esquenanto** *m*
[Aeschynanthus lobbianus]
lipstick plant
establo *m*
shed for cattle; stable; cowshed
estaca *f*
1 cutting; 2 stake; post
estaca *f* **de raiz**
root cutting
estaca *f* **de vid**
vine cutting
estacar *v*; **estaquear** (see also **tutorar**)
stake, to; stake out, to
estambre *m*
stamen
estancado,-da *adj*
stagnant
• agua estancada = stagnant water
estanque *m*
pond; pool; small lake; reservoir (eg for irrigation)
estepa *f*
1 steppe; 2 rockrose
estera *f* **de paja; esterilla** *f*
straw mat
estercolado *m*; **estercoladura** *f*
manuring
estercolar *v*
fertilize, to (eg field, soil, crop); to manure
estiércol *m*
manure; dung
estiércol *m* **del ganado (caballar o equino)**
horse manure; horse dung
estimular *v*
stimulate, to; encourage, to
estio *m*
summer
estolón *m*
runner; stolon
estragón *m*
[Artemisia dracunculus]
tarragon
estramonio *m*
[Datura stramonium]
thorn apple; datura
estrelitzia *f* **gigante; ave** *f* **del paraiso gigante**
[Strelitzia nicolai]
giant bird-of-paradise
estreptocarpo *m*
[Streptocarpus rexii]
cape primrose
estromante *m*
[Stromanthe sanguinea]
stromanthe
estufa *f*
hothouse, greenhouse
etefón *m*
ethephon
etileno *m*
ethylene
etiqueta *f*; **rótulo** *m*
label
• etiquetas de plástico = plastic labels
etiquetar *v*
label, to
eucalipto *m*
[Eucalyptus globulus]
eucalyptus

eucalipto *m* **sidra**
[Eucalyptus gunnii]
Tasmanian cider gum
euforbia *f*; **algodoncillo** *m*
[Euphorbia]
milkweed, spurge
euforbia *f* **blanca**
[Euphorbia marginata]
snow-on-the-mountain; snow-in-summer
eupatorio *m*; **cáñamo** *m* **acuático; eupatorio de los árabes**
[Eupatorium cannabinum]
hemp agrimony
evónimo *m*; **bonetero del Japón; evónimo del Japón**
[Euonymus japonicus]
spindle tree, Japanese euonymus
excavador,-dora *m,f* **(person)**
digger
excavadora *f*
excavator; digger (machine)
excavar *v*
dig, to; dig a hole, to; excavate, to; trench, to
excrecencia *f*
excresence; outgrowth; wart
exposición *f* **de flores**
flower show
extender *v*
spread, to
exterminar
kill off, to; exterminate, to
extracto *m* **natural de Neem**
extract of Neem (used as fungicide and insecticide)
exudación *f*
exudation
exudar *v*
exude, to; ooze, to

F

falsa oruga *f* **de los nabos**
turnip sawfly
falsa tiña *f* **de las abejas; polilla** *f* **de las abejas**
[Galleria mellonella]
bee moth; greater wax moth; honeycomb moth
falso brote *m*
side shoot; lateral shoot
falso ciprés *m*
[Chamaecyparis nootkatensis]
Nootka cypress
fárfara *f*, **uña** *f* **de caballo**
[Tussilago farfara]
coltsfoot
fargesia *f* **nitida**
[Fargesia nitida]
fountain bamboo; blue fountain bamboo
farol *m*
lantern; lamp (garden)
farolillo *m* **chino; corazoncillo** *m*; **alquequenje**
[Physalis alkekengi]
winter cherry; bladder cherry; Chinese lantern; strawberry ground cherry
fauna *f*
fauna; wildlife
fecundar *v*
fertilize, to; pollinate, to
fenogreco *m*; **alholva** *f*
[Trigonella foenum-graecum]
fenugreek
feromona *f*

fertilizante

pheromone
fertilizante *m*; **(see also abono** *m*)
fertiliser; fertilizer
• fertilizante quimico = chemical fertilizer
• fertilizante organico = organic fertilizer
fertilizante *m* **complejo**
blended fertilizer
fertilizante *m* **completo**
complete fertiliser
fertilizante *m* **de liberación lenta**
slow-release fertiliser
fertilizante *m* **de liberación rapida**
quick-release fertiliser
fertilizante *m* **nitrogenado**
nitrate fertilizer; nitrogenous fertilizer
fertilizante *m* **organico**
organic fertilizer
fertilizante *m* **quimico;**
fertilizante *m* **artificial**
chemical fertilizer
fertlizar *v*
fertilize, to (eg field, soil, crop); to manure
festuca *f* **falta; cañuela** *f* **alta; festuca arundinácea**
[Festuca arundinacea]
fescue
ficus *m*; **ficus de hoja grande; arbol** *m* **del caucho**
[Ficus elastica]
Indian rubber tree; rubber plant
ficus *m* **benjamina; ficus benjamin; ficus de hoja pequena; matapalo** *m*
[Ficus benjamina]
fig tree; weeping fig; Benjamin's fig
fiemo *m*
manure; dung
filodendro *m*; **filodendron** *m*;
filodendro de hoja acorazonada
[Philodendron scandens]
bread plant
filoxera *f*; **filoxérica** *f*
phylloxera (aphid that attacks vine roots)
filtrar *v*
filter, to
finca *f*
estate; farm; plantation
fitohormona *f*
plant growth hormone; phytohormone; rooting hormone
fitotoxicidad *f*
phytotoxicity
fitotóxico *adj*
phytotoxic
flomis *m*; **oreja** *f* **de liebre; salvia** *f* **de Jerusalen**
[Phlomis fruticosa]
Jerusalem sage
flor *f*
flower; blossom; bloom
• en flor = in flower
• florecillas silvestres = wild flowers
• flores fpl = blossom
flor ave *f* **del paraiso; estrelitzia** *f*
[Strelitzia reginae]
bird-of-paradise flower
flor *f* **cortada**
cut flower
flor *f* **de cuchillo; diente** *m* **de dragón**
[Carpobrotus acinaciformis]
giant pigface; Sally-my-handsome; Hottentot fig; sour fig
flor *f* **de Jamaica; rosa** *f* **de Jamaica**

frambueso

[Hibiscus sabdariffa]
hibiscus
flor f de miel; melero m
[Melianthus major]
honeybush
flor f de sangre; platanillo m; asclepias m
[Asclepias curassavica]
blood flower; scarlet milkweed
flor f de tigre, flor un día ; tigridia f
[Tigridia pavonia]
tiger flower, peacock flower; shellflower
flor f marchita
dead flower; withered flower; wilted bloom
flora f
flora
• la flora y fauna = the flora and fauna
floración f
flowering; bloom; flowering period
floral adj
floral
florar v; florear v
flower, to
florecer v
flower, to; bloom, to; blossom, to
floreciente adj; en flor
flowering
blooming; in flower; thriving
florecimiento m
flowering
floresta f
wood; glade; grove; beauty spot
floricultor m; floricultora f
flower grower
floripondio m; trompetero m; arbol m de las trompetas
[Brugmansia, datura candida]
angel's trumpet

florista f,m
florist (person)
floristeria f {LA: floreria}
florist's; flower shop
foliación f
foliation
follaje m
foliage; leaves
formación f
training
formar terrazas en; construir terrazas
terrace, to
formión m
wood chisel
forsitia f; campanita f china; campanas doradas
[Forsythia x intermedia]
forsythia
forzar v
force, to
fosfato m
phosphate
fósforo m
phosphorus
fotosíntesis f
photosynthesis
fotosintetizar v; hacer fotosintesis
photosynthesize, to
fragante adj; perfumado adj
scented; fragrant; perfumed
frailecillo; escoriador
[Macrodactylus subspinosus]
rose chafer; rose beetle
frambruesa f
raspberry
frambuesa f de Logan
loganberry (fruit)
frambueso m; frambuesero m
[Rubus idaeus]

frambueso de Logan
raspberry bush; raspberry cane
frambueso *m* **de Logan**
loganberry bush
• frambuesa *f* de Logan = loganberry (fruit)
franco de pie
ungrafted tree; maiden tree; own-rooted
frangipani ; plumeria
[Plumeria rubra]
frangipani tree
fresa *f* **(see also fresón)**
[Fragaria ananassa]
strawberry plant; strawberry (fruit)
• campo de fresas = strawberry field
fresa *f* **alpina**
[Fragaria alpina]
alpine strawberry
fresa *f* **silvestre**
[Fragaria vesca]
wild strawberry
fresal *m* **{Bol: frutilla** *f*; **Chi: frutillar** *m*}
strawberry bed; strawberry field
fresia *f*; **fresilla** *f*
[Freesia]
freesia
fresno *m*
ash tree
fresno *m* **común; fresno grande; fresno europeo; fresno de vizcaya**
[Fraxinus excelsior]
ash; European ash
fresno *m* **de flor; orno** *m*; **fresno** *m* **del maná**
[Fraxinus ornus]
flowering ash; manna ash
fresón *m*
strawberry; garden strawberry; strawberry plant
frijol *m*; **frijol colorado; alubia** *f*; **judia** *f* **blanca**
[Phaseolus vulgaris]
haricot bean; kidney bean; French bean
frijol *m* **de soja**
soya bean
frío, fría *adj*
cold
• región fría = cold region
friolero *adj*; **friolento** *adj*
sensitive to cold
fritalaria *f*; **corona** *f* **imperial**
[Fritillaria imperialis]
crown imperial
fronda *f* **(see also hoja)**
frond
frondoso,-sa *adj*
leafy; luxuriant
fruta *f* **caediza**
windfall
fruta *f* **caida**
windfall (fruit)
fruta *f* **temprana**
early fruit
frutal *m*; **árbol** *m* **frutal**
fruit tree
frutar *v*; **dar fruto**
fruit, to; bear fruit, to; yield fruit, to
fruticoso,-osa *adj*
frutescent; fruticose; shrubby
fruticultor *m*; **productor** *m* **de frutas**
fruit grower; fruit farmer
fruta *f*; **fruto** *m*
fruit
fucsia *f* **{RPl: aljaba** *f*}
[Fuchsia magellanica]
fuchsia; lady's eardrops

fucsia *f*
[Fuchsia thalia]
fuchsia thalia
fuente *f*
fountain; spring (of water); source (eg river)
fumagina *f*; **negrilla** *f*
black sooty mould
fumigación *f*
fumigation; crop-dusting; crop-spraying
fumigación *f* **de cultivos**
crop spraying ; crop dusting
fumigado *m*
crop dusting
fumigador *m*; **fumigadora** *f*
crop duster (person, machine); fumigator
fumigador *m* **(aéreo)**
crop duster (aircraft)
fumigar *v*
fumigate, to; dust, to; spray, to
fungicida *m*; also *adj*
fungicide
fungicida *m* **sistémico**
systemic fungicide
fuste *m*
bole (of tree); trunk

G

galega *f*; **ruda** *f* **cabruna**
[Galega officinalis]
goat's rue
galpón *m*
shed; outhouse
gamuza *f*; **gamusa**
chamois
gandul *m*; **gandula** *f*; **mióporo** *m*
[Myoporum laetum]

myoporum; mousehole tree; Ngaio tree
garabato *m*; **escardillo** *m*
hook; grubbing hook
garbanzo *m*
chick-pea
garrapata *f*; **caparra** *f* **(pop)**
tick
gato *m*; **gata** *f*
cat
gatuña *f*; **abreojos**
[Ononis spinosa]
rest-harrow; spiny rest-harrow
gazania *f*
[Gazania splendens]
gazania; treasure flower
gazapo *m*
rabbit, young rabbit
genciana *f*, **genciana amarilla**,
[Gentiana lutea]
gentian; yellow gentian
genista *f*
[Genista]
broom; genista
geranio *m*   {Mex: **malvón** *m*}
[Geranium mexicanum]
geranium; cranesbill
geranio *m* **balcánico**
[Geranium macrorhizum]
Balkan cranesbill; bigroot geranium
geranio *m* **de olor a limón;**
geranio limón
[Pelargonium crispum]
lemon-scented geranium
germinación *f*
germination
germinar *v*
germinate, to; sprout, to
ginkgo *m* **(biloba)**
[Ginkgo biloba]

ginseng

ginkgo biloba
ginseng *m*; **ginsén** *m*
[Panax ginseng; Panax quinquefolia]
ginseng
girar *v*
turn, to; revolve, to; rotate, to
girasol *m* {Chi: **maravilla** *f*}
[Helianthus annus]
sunflower (annual)
• semilla de girasol = sunflower seed
gitanilla *f*; **geranio** *m* **de hiedra; geraneo hiedra**
[Pelargonium peltatum]
ivy-leafed geranium
gladio *m*; **gladiolo** *m*; **espadilla** *f* {Mex; **gladiola** *f*}
[Gladiolus calliathus]
gladiolus
glasto *m*; **hierba** *f* **paste**
woad plant
glauco,-ca *adj*
bluish-green;l glaucous
glicina *f*, **glicinia** *f*; **flor** *f* **de la pluma**
[Wisteria sinensis]
Chinese wisteria
gombo *m*; **ocra** *m*; **quesillo** *m* {LA: **quingombó** *m* }
okra; gumbo; lady's fingers
gomosis *f*
gommosis; gum disease of cherry trees etc
gordolobo *m*, **verbasco** *m*
[Verbascum phlomoides]
mullein; orange mullein
gorgojo *m*
weevil; snout beetle; grub
gota *f* **de sangre; ojo** *m* **de perdiz**
[Adonis annua]

pheasant's eye; blooddrops
gotear *v*
drip, to; trickle, to
grada *f*
step (eg ladder); harrow
• grada de disco = disk harrow
• grada de mano = hoe; cultivator
gradar *v*
harrow, to; hoe, to
grafiosis *f* **del olmo**
Dutch elm disease
grama *f*; **grama oficinal**
[Agropyron repens]
couch grass, quack grass
granada *f*
pomegranate (fruit)
granado *m*
[Punica granatum]
pomegranate tree
granar *v*
seed, to; run to seed, to
graneado foliar *m*
leaf blotch
granero *m*
barn (for crops); granary
granilla *f* **de uva; pepita** *f* **de uva**
grape seed
granizo *m*
hail; hailstone
granja *f* **agricola**
arable farm
granja *f* **avicola**
chicken farm; poultry farm
granja *f* **de pollos**
chicken farm
granja *f* **marina**
fish farm
grano *m*
grain; seed; bean
• granos de pimienta = peppercorns

graptopétalo
[Graptopetalum]
graptopetalum
grava *f*
gravel; grit; crushed stone
gravilla *f*
chippings; gravel
• gravilla suelta = loose chippings
gredoso *adj*
clayey; loamy; marly
• suelo *m* gredoso = clayey soil; loamy soil
grillo *m*
1 cricket (insect); 2 shoot; sprout (eg of plant)
grosellero *m* **espinoso**
[Ribes uva-crispa]
gooseberry bush
grosellero *m* **negro; casis** *f* **de negro**
[Ribes nigrum]
blackcurrant bush
guadaña *f*
scythe
guadaña *f* **para cereales**
sickle; hand scythe; reaping scythe
gualda *f*
[Reseda luteola]
weld; dyer's rocket
guante *m*, **látex-algodón**
glove, latex-coton (gardening)
guantes *mpl*
gloves
• guantes de gomma / de látex = rubber / latex gloves
• guantes de vinilo / de polietileno = vinyl / polyethylene gloves
guantes *mpl* **de jardineria**
gardening gloves
guayaba *f*
guava (fruit)

guayabo *m* [And: **pacay** *m*]
[Psidium guajava]
guava tree
guiar *v* **(see also dirigir)**
train, to (plant); guide, to
guija *f*
1 pebble; 2 vetch
guijarro *m*
pebble
guillomo *m*; **cotonéaster**
[Cotoneaster simonsii]
cotoneaster; Khasia berry
guinda *f*; **cereza** *f* **ácida**
morello cherry; sour cherry (fruit)
guindo *m*; **cerezo** *m* **acido; cerezo de morello**
[Prunus cerasus]
sour cherry; morello cherry tree; mazzard cherry tree
guisante *m* {LA: **arveja** *f*}
[Pisum sativum]
pea
guisante *m* **de olor**
[Lathyrus odoratus]
sweet pea
gusano *m*
maggot; grub; worm; earthworm
• gusano de mariposa = caterpillar (of butterfly)
• gusano de polilla = caterpillar (of moth)
gusano *m* **blanco (larva del abejorro)**
white grub (cockchafer larva)
gusano *m* **de elaterido; gusano del alambre; doradilla** *f*
wireworm
gusano *m* **gris; gusano cortador; gusano de tierra**
cutworm

gymnocalycium

• cucumilla *f* negra = black cutworm
gymnocalycium *m*; **gimnocalicio** *m*
[Gymnocalycium]
chin cactus

H

haageocereus *m*
[Haageocereus]
haageocereus
haba *f*; **habas** *fpl* **verdes**
[Vicia faba]
bean, broad bean
habichuela *f*, **judía** *f* **verde** {Mex: **ejote** *m*}
[Phaseolus vulgaris]
bean; common bean
hacer *v*
do, to; make, to; build, to
hacha *f*
axe; hatchet
hacha *f* **de monte**
felling axe
hacha *f* **de tumba**
felling axe
hachear *v*
axe, to; hew, to; cut down, to
hamamelis *m*; **hamamélide** *f* **de Virginie** ; **avellana de bruja**
[Hamamelis virginiana]
witch hazel tree; Virginia witch hazel
harina f de huesos
bonemeal
harnero *m*
sieve
harpagofito *m*, **harpado** *m*, **garra** *f* **del diablo**
[Harpagophytum procumbens]
devil's claw, grapple plant
haya *f*
[Fagus sylvatica]
European beech
haya *f* **americana**
[Fagus ferruginea]
American beech
hayuco *m*
beechnut; beechmast
hebe; verónica *f*
[Hebe speciosa]
hebe; New Zealand hebe; showy speedwell
hectárea *f*
hectare
helada *f*
frost
• helada blanca = hoar frost
• escarcha *f* = white frost; hoar frost
• helada de madrugada = early-morning frost
helar *v*; **congelar** *v*
freeze, to; congeal, to
helarse *v*; **congelarse** *v*
freeze, to; freeze up, to; ice up, to
heleborina *f*
[Epipactis helleborine]
common helleborine
helecho *m*
fern; bracken
helecho *m* **macho**
[Dryopteris filix-max], [Polypodium filixmax]
male fern
helecho *m* **nido; nido** *m* **de ave**
[Asplenium nidus]
bird's nest fern
helecho *m* **real**
[Osmunda regalis]

royal fern
heliopsis
[Heliopsis]
orange sunflower
heliotropo *m*
[Heliotropium arborescens]
heliotrope
hemerocalis *m*; **lirio** *m* **de San Juan; azucena** *f* **turca**
[Hemerocallis]
day lily
henar m
1 hayfield; meadow; 2 hayloft
hendidura *f*; **hendedura** *f*
split; crack (eg in tree trunk)
henil *m*
barn; hayloft
heno *m*
hay
hepática *f*; **hierba** *f* **del hígado**
[Hepatica nobilis]
liver leaf, hepatica
herbáceo *adj*
herbaceous
herbario *m* **and** *adj*
dried flower collection; herbarium; herbal (adj)
herbazal *m*
grassland; meadow; field
herbicida *adj*
herbicidal
herbicida *m*
herbicide; weedkiller
herbicida *f* **selectivo**
selective herbicide ; selective weedkiller
herida *f*
injury; wound
herramienta *f*
tool; implememt; set of tools
herramienta *f* **de multi-cabeza**

multi-headed tool
herramientas *fpl*; **útiles** *mpl*; **utensilios** *mpl*
tools; equipment
• herremientas de jardineria = garden tools
• utensilios de jardineria = garden tools
heuchera *f*; **coralito** *m*; **flor** *f* **de coral**
[Heuchera sanguinea]
coral bells
hibisco *m*; **rosa** *f* **de la China; hibisco chino**
[Hibiscus rosa sinensis]
Chinese hibiscus
hibrido *m* **and** *adj*
hybrid
hidroponia *f*; **cultivo** *m* **hidropónico**
hydroponics
hiedra *f*
[Hedera]
ivy
hiedra *f* **terrestre**
[Glechoma hederacea]
ground ivy
hielo *m*
ice; frost; freezing
hieracio *m*; **hierba** *f* **del gavilán**
[Hieracium fendleri]
hawkweed; yellow hawkweed
hierba *f*
grass; herb
hierba *f* **aromatica**
herb; potherb; pot herb; aromatic herb
hierba *f* **cana; zuzón** *m*; **hierba de Santiago**
[Senecio jacobaea]
ragwort; groundsel

hierba f **centella ; centella** f **de agua; calta** f
[Caltha palustris]
marsh marigold ; kingcup
hierba f **cupido; flecha** f **de cupido**
 [Catananche caerulea]
blue cupidone; cupid's dart
hierba f **de la esquinancia, asperula** f; **hierba tosquera**
[Asperula cynanchica]
squinancywort
hierba f **de San Juan; hipérico** m
[Hypericum perforatum]
St. John's Wort
hierba f **de San Juan peluda**
[Hypericum hirsutum]
hairy St. John's wort
hierba f **del sueño**
[Ruellia albiflora]
wild petunia
hierba f **luisa; cedrón** m
[Aloysia triphylla]
lemon verbena
hierba f **medicinal**
medicinal herb
hierba f **de Santa María; matricaria** f; **crisantemo** m **de jardin; hierba sarracena**
[Tabacetum parthenium],
[Chrysanthemum parthenium]
feverfew
hierbabuena m; **piperita** f
[Mentha x piperita]
peppermint
hierbajo m
weed
hierro m {LA: **fierro** m}
iron
higo m;
fig (fruit)

higo m **chumbo**
prickly pear
higo m **de tuna**
prickly pear
higuera f
[Ficus carica]
fig tree
hijuelo m
root sucker; shoot
hilera f
row; line; string; drill
hinchazón f
swelling; blister
hinojo m
[Feoniculum officinale],
[Feoniculum vulgare]
fennel
hisopo m
[Hyssopus officinalis]
hyssop; common hyssop; hedge hyssop
hoguera f
bonfire
hoja f
leaf; petal
 • hoja f de laurel = bay leaf
hoja f **de la vid**
vine leaf
hoja f **de pino; aguja** f **de pino**
pine needle (on tree)
hoja f **de plástico**
plastic sheet
 • malla de plástico = woven sheet of plastic plastic mesh
hojarasca f
fallen leaves; leaf litter
hojarasca f **(de patata)**
haulm (of potatoes etc)
hongo m **(see also seta** f**)**
mushroom; fungus; toadstool (poisonous)

hongo *m* **de la madera; pudrición** *f* **seca**
[Merulius lacrymans]
dry rot fungus
hoplocampa *f* **del ciruelo**
plum sawfly
horca *f*
fork; garden fork; hayfofk; pitchfork
horizonte *m*
horizon
• horizante del suelo = soil horizon
hormiga *f*
ant
hormiga *f* **blanca**
termite; white ant
hormiga *f* **negra**
black ant
hormiga *f* **roja**
red ant
hormiguero *m*
ant's nest; anthill
hormona *f*
hormone
• hormona vegetal = plant hormone
• hormona de crecimiento = growth hormone
horquilla *f* **de mano**
fork; handfork; pitchfork
horquilla *f* **para heno; horca** *f*
hay fork
hórreo *m*
granary raised on stone pillars
hortaliza *f*
vegetable
• hortilizas = vegetables; garden produce
hortelano *m*; **hortelana** *f*
gardener; market gardener; horticulturist
hortelano *m*; **huertano** *m* {Arg: **quintero** *m*}
vegetable grower
hortensia *f*
[Hydrangea aborescens]
hydrangea
hortensia *f*; **hortensia de hojas de roble**
[Hydrangea quercifolia]
hydrangea, oak-leafed hydrangea
horticultor *m*; **horticultora** *f*;
market gardener; horticulturist
horticultura *f*
horticulture; gardening
hortofruticultura *f*
fruit and vegetable growing
hosta *f*; **hermosa** *f*
[Hosta]
hosta
hoyo *m*
hole
hoyo *m* **de plantación; hoyo de siembra**
planting hole; planting pit
hoz *f*
sickle
huerta *f*
vegetable garden; market garden; orchard
huerto *m*
kitchen garden; market garden; orchard (fruit trees); vegetable garden; allotment
huerto *m*; **huerta** *f*
vegetable plot; vegetable patch
huerto *m* **estrecho**
strip plot; narrow plot
huerto *m* **frutal; huerto de frutales; huerta** *f* **frutal; vergel** *m*
orchard

huerto ornamental

huerto *m* **ornamental; jardin** *m* **de adorno**
flower garden; ornamental garden
hueso *m*; **cuesco** *m*   **{SC: carozo** *m*; **Col: pepa** *f*}
stone (of fruit)
huésped *m*
host
humedad *f*
humidity; damp(ness); moisture
humedecer *v*
dampen, to; moisten, to
humedo,-da *adj*
damp; humid
humifero,-ra *adj*
rich in humus
humus *m*
humus
humus *m* **de lombriz**
worm compost

I

identificar *v*
identify, to; recognize, to
inundar *v*
flood, to; inundate, to
indehiscente *adj*
indehiscent
indicador *m*
gauge
• indicador de temperatura = temperature gauge
• pluviómetro = rain gauge
• anemómetro = wind gauge
infestación *f* **parasitaria; parasitosis** *f*
parasitic attack
infestar *v*
infest, to

inflorescencia *f*
inflorescence
injertar *v*
graft, to
injerto *m*
graft; grafting, splice; splice grafting; whip grafting
injerto *m* **de corona**
crown grafting; bark grafting
injerto *m* **de incrustación**
notch grafting
injerto *m* **de plancha; injerto de placa**
plate grafting
injerto *m* **de raiz**
root graft
injerto *m* **inglés complicado**
tongue grafting
injerto *m* **intermedio; sobreinjerto** *m*; **doble injerto**
double grafting; intergrafting
injerto *m* **sobre las raices**
root grafting
inmersión *f*
immersion
insecticida *m*; also *adj*
insecticide; insecticidal
• insecticida de contacto = contact insecticide
• jabón insecticida = insecticidal soap
insecticida *m* **ecológico**
ecological insecticide
insecticida *m* **en polvo**
insecticide powder
insecticida *m* **órganofosforado**
organophosphorus insecticide
insecticida *m* **universal**
universal insecticide; general insecticide
insecto *m*

insect
instrumento *m* **para alinear el jardin**
garden line
inundación *f*
flood; flooding
invernada *f*; **invernación** *f*
wintering (eg of plants under cover)
invernada *f*
winter season; hibernation
invernadero *m*
greenhouse; glasshouse; hothouse; conservatory; winter-quarters
invernadero *m* **caliente**
hothouse; forcing house
invernal *adj*
winter; wintry
invernar *v*
winter, to
invierno *m*
winter
• en invierno = in (the) winter
iochroma *f*
[Iochroma cyanea]
tube flower; iochroma
ipomoea *f*
[Ipomoea hederacea]
ivyleaf morning glory
iris *m* **azul**
[Iris versicolor]
blue flag iris; purple water flag
iris *m* **de Holanda; lirio** *m* **español**
[Iris xiphium]
iris; Dutch iris; Spanish iris
irrigación *f* (see also **riego** *m*)
irrigation
irrigador *m* **de impulso**
impulse sprinkler
irrigador *m* **giratorio**

revolving sprinkler; rotating sprinkler
irrigador *m* **oscilante**
oscillating sprinkler
irrigar *v*; **regar** *v*
irrigate, to

J

jabali *m*; **jabalina** *f*
[Sus scrofa]
wild boar
jabato *m*
young wild boar
jacaranda *f*; **palisandro** *m*; **tarco** *m*
[Jacaranda mimosifolia]
jacaranda tree
jacinto *m*
[Hyacinthus]
hyacinth
jacinto *m* **acuático; jacinto** *m* **de agua; camalote** *m*; **lampazo** *m*; **violeta** *f* **de agua**
[Eichhornia crassipes]
hyacinth, water hyacinth
jacinto *m* **pirenaico**
[Brimeura amethystina]
Spanish bluebell
jara *f*; **jara** *f* **blanca ; flor de la jara**
[Cistus albidus]
rock rose; cistus
jara *f* **de hoja de salvia; jaguarzo** *m* **morisco ; estepa** *f* **negra**
[Cistus salvifolius]
salvia cistus; sage-leaved cistus
jara *f*; **heliantemo** *m*
[Helianthemum]
rock rose

jardin

jardin *m*
garden
jardin *m* acuático
water garden
jardin *m* de invierno
winter garden; conservatory
jardin *m* de rocas; jardin rocoso
rock garden; rockery
jardin *m* frutero
fruit garden
jardin *m* de hierbas finas
herb garden
jardinera *f*
jardinier; flower stand; window box; plant holder; jardinière
jardinera *f* de ventana
window box
jardineria *f*
gardening
jardineria *f* ecológica
ecological gardening
jardineria *f* paisajista; paisajismo *m*
landscaping; landscape gardening
jardinero *m*; jardinera *f*
gardener
jardinero *m*; jardinera *f*; paisajista *f*
landscape gardener
jarra *f* medidora; jarra graduada
measuring jug
jazmin *m*
[*Jasminum grandiflorum*]
jasmine; royal jasmine; Spanish jasmine
jazmin *m* de invierno
[*Jasminium nudiflorum*]
winter jasmine
jazmin *m* de Madagascar
[*Stephanotis floribunda*]
Madagascar jasmine; wax flower
jazmin *m* de China; jazmin chino
[*Jasminum polyanthum*]
pink jasmine
jazmin *m* mexicano; mosqueta *f*
[*Philadelphus mexicanus*]
Mexican mock orange
jején *m*
sandfly
jengibre *m*
[*Zingiber officinalis / officinale*]
ginger
jovibarba; barba de Jove
[*Jovibarba*]
jovibarba; beard of Jove
judia *f* verde; judia escarlata; habichuela *f*; {Mex: ejote *m*; RPI: chaucha *f*; Chi: poroto *m*; Ven: vainita *f*}
[*Phaseolus multiflorus*], [*Phaseolus coccineus*]
runner bean; scarlet runner bean
junco *m* cebra; scirpus *m*
[*Schoenoplectus lacustris*], [*Scirpus lacustris*]
zebra rush; banded rush; common club rush
junco *m* florido
[*Butomus umbellatus*]
flowering rush
junco *m* marino; juncia *f* marina
[*Scirpus maritimus*}
bulrush; seaside bulrush
justicia *f*; justicia de India; adatoda
[*Justicia adhatoda*]
justicia; snake bush

K

kalanchoe *m*; calanchoe; escarlata *f*

lantana

[Kalanchoe blossfeldiana]
flaming Katy
**kalmia *f*; laurel *m* americano;
laurel de montaña**
[Kalmia latifolia]
mountain laurel; calico bush; spoonwood
kelp *m*; quelpo *m*
[Laminaria]
kelp
kentia *f*; palma *f* del paraiso
[Howea forsteriana]
sentry palm; Kentia palm; paradise palm; thatch-leaf palm
kikuyo *m*; kikuyu *m*; grama *f* gruesa; pasto *m* africano
[Pennisetum clandestinum]
kikuyu grass;
kiwi *m*
[Actinidia chinensis],[Actinidia deliciosa]
actinidia; kiwi plant; Chinese gooseberry
koelreuteria *f*; jabonero *m* de la China
[Koelreuteria paniculata]
golden rain tree

L

labiérnaga; labiérnaga blanco
[Phillyrea angustifolia]
mock privet; evergreen privet
labores *fpl* agricolas; labores del campo
farm work; agricultural work
• labor = ploughing; farm work
labrador *m*; labradora *f*
farmer; farmworker
labrar *v*
work, to (the soil); till, to; farm, to
labriego *m*; labriega *f*
farmworker
laburno *m* de la montaña; citiso *m* de la montaña
[Laburnam alpinum]
Alpine laburnum
lagar *m*
press; winepress; oil press
lagartija *f*
wall lizard
lagarto *m*
large lizard
lagarto *m* verde
green lizard
lago *m*
lake
lago *m* ornamental
ornamental lake
laguna *f*
lake; pool (fresh water); lagoon (salt water)
lágrimas *fpl* de Job; corazoncillo *m*; dicentra *f*
[Dicentra]
Job's tears
lampazo *m* (mayor)
[Arctium lappa]
great burdock
lamprantus *m*; mesen *m* rosado; mesem rosa; escarcharda *f*
[Lampranthus blandus]
ice plant; pink vygie
langosta *f*
1 lobster; 2 locust
lantana *f*; bandera *f* española; banderita *f* española
[Lantana camara]
lantana, common lantana
lantana *f* rastrera; lantana tendida

larva

[Lantana montevidensis]
trailing lantana; purple lantana
larva *f*
larva; grub; maggot
larva *f* de la tipula
leatherjacket
latencia *f*
dormancy
latente *adj*
dormant
latifoliado,-da *adj*
broadleaf; hardwood
laurel *m*; **laurel de los poetas; laurel de Apolo; laurel salsero**
[Laurus nobilis]
bay leaf, bay laurel
• hoja *f* de laurel = bay leaf
lauréola *f* hembra; mecerón *m*; **mezereo** *m*
[Daphne mezereum]
mezereon; February daphne
lavanda *f*; **alhucema** *f*; **espigolina** *f*; **lavándula** *f*
[Lavandula angustifolia]
lavender
laya *f*
spade; draining spade
• laya de puntas = garden fork
laya *f* bidente o tridente
Canterbury hoe; potato hook
lechetrezna *f* de bosque
[Euphorbia amygdaloides]
wood spurge
lecho *m*
bed; river bed; layer; stratum
• lecho de flores = flowerbed
lechuga *f*
lettuce
lechuga *f* Cos ; lechuga francesa; lechuga orejona; lechuga romana;
lettuce, cos lettuce
lechuga *f* de agua; lechuguilla *f*; **repollo** *m* **de agua; repollito** *m* **de agua**
[Pistia stratiotes]
lettuce, water lettuce
lechuga *f* de hoja de roble
oak-leaf lettuce
lechuga *f* repollada
[Lactuca sativa]
lettuce, iceberg lettuce
lechuza *f* común
barn owl
legumbre *f*
pulse; vegetable
leña *f*
firewood; sticks
lengua *f* de ciervo; escolopendra *f*
[Phyllitis scolopendrium],
[Scolopendrium officinale]
hart's tongue fern
leño *m*
log; lumber
leñoso,-sa *adj*
ligneous; woody
lenteja *f*
lentil
lentes *mpl* **de seguridad**
safety glasses
lentes *mpl* **protectoras; gafas** *fpl* **de protección**
protective goggles
lentisco *m*
[Pistacia lentiscus]
mastic tree
leonotis *m*; **oreja de león**
[Leonotis leonorus]
lion's ear
leontopodio *m*; **edelweiss** *m*
[Leontopodium alpinum]
edelweiss

levístico *m*; **apio** *m* **de monte**
[Ligusticum levisticum];[
Ligusticum officinale]
lovage; English lovage
Leylandi *m*; **Leilandi**; **ciprés** *m* **de Leyland**
[Cupressocyparis leylandii]
cypress, Leyland cypress
libélula *f*; **caballito** *m* **del diablo**
dragonfly
lichi *m*
litchi; lychee (fruit, tree)
liebre *f*
hare
levístico *m*; **apio** *m* **de monte**; **legústico** *m*; **perejil** *m* **silvestre**
[Ligusticum officinale], [Levisticum officinale]
lovage
ligustro *m*; **alheña** *f*; **aligustre** *m*; **matahombres**
[Ligustrum vulgare]
privet
lila *f*; **lilo** *m*
[Syringa]
lilac
lilium *m* **asiático blanco**
[Lilium asiatic]
Asiatic lily
lilium *m* **de araña; narciso** *m* **de verano**
[Hymenocallis festalis]
spider lily; Peruvian daffodil
limaco *m*
slug
limero *m*; **lima** *f* **{Mex; limón agrio}**
[Citrus aurantifolia], [Citrus acida], [Citrus medica var.acida], [Limonia aurantifolia]
lime; lime tree

lirio azul

limo *m*
silt; mud; slime
limón *m*
lemon (fruit)
limonero *m*
[Citrus limonium]
lemon tree
limpiador *m* **de alta presión**
high pressure washer
limpiar *v*
clean, to; cleanse, to; clear, to (eg vegetation); prune, to; cut back, to
linaria *f*
[Linaria vulgaris]
common toadflax
lince *m*
lynx
• lince ibérico = pardal lynx; Spanish lynx
lino *m*
[Linum usitatissimum]
flax, linseed oil plant
• linaza *f* = linseed; flax seed
liquen *m*
lichen
lirio *m*
[Iris unguicularis]
iris; Algerian iris; Algerian winter iris; winter iris
lirio *m* **amarillo; acoro** *m* **bastardo**
[Iris pseudocorus]
yellow flag iris
lirio *m* **azul**
[Iris veriscolor]
blue flag; blue iris; flag lily; harlequin blueflag
lirio *m* **azul; lirio cárdeno; lirio común**
[Iris germanica]
iris; flag iris; German iris; common flag

lirio de los valles

lirio *m* **de los valles; muguete** *m*
 [Convallaria majalis]
lily of the valley
lirio *m* **lancifolium**
[Lilium lancifolium]
tiger lily
lirón *m*
dormouse
lobato *m*; **lobata** *f*
wolf cub
lobelia *f*; **tabaco** *m* **indio**
[Lobelia inflata]
lobelia, Indian tobacco
lobo *m*; **loba** *f*
wolf
lodo *m*
mud
lombriz *f* **(de tierra)**
earthworm
losa *f*; **losa de piedra**
flagstone; paving stone
loto *m*; **flor** *f* **de lotus; loto sagrado; nelumbo** *m*; **rosa** *f* **del Nilo**
[Nelumbo nucifera]; [Nelimbo nucifera]
lotus; sacred lotus
lotus *m* **maculates; loto** *m*
[Lotus maculates x bertheloti]
fire vine; coral gem
lucha *f* **contra los insectos**
pest control
luciérnaga *f*
glowworm
luciérnaga *f*; **bicho** *m* **de luz**
firefly
lución *m*
slowworm
lunaria *f*; **hierba** *f* **del nácar; monedas** *fpl* **del Papa**
[Lunaria annua]

honesty
lúpulo *m*
[Humulus lupulus]
hop; hops; humulus
luz *f* **solar**
solar light (for garden)
luzula *f*
[Luzula nivea]
snowy woodrush

LL

llantén *m* **menor; llantén de hoja angosta**
[Plantago lanceolata]
narrow-leaf plantain; ribwort plantain
llantén *m* **de agua; alisima** *f*; **plantago** *m* **de agua**
[Alisma plantago-aquatica]
plantain, common water plantain
llenar *v*
fill up, to; top up, to; fill, to
llover *v*
rain, to
 • esta lloviendo = it's raining
llovizna *f* **(LA: garúa** *f***)**
drizzle
lluvia *f*
rain; rainfall
 • es una zona de mucha lluvia = it is an area of high rainfall
lluvia *f* **de oro; ébano** *m* **falso; codeso** *m*
[Laburnum anagyroides]
golden rain; common laburnum; golden chain; golden rain laburnum

M

maceta *f*
1 flower-pot; flower vase; tub; 2 mallet; small hammer; 3 handle of a tool or stick
maceta *f*; **tiesto** *m*
flowerpot; pot
maceta *f* **colgante**
hanging basket
maceta de forzadura; maceta de cultivo forzado
forcing pot (for plants) (can be inverted flowerpot)
macizo *m*
clump (eg of flowers, trees); flower bed; massif
• macizo elevado = raised bed
• macizo de flores = clump of flowers; flower bed
macolla *f*
group of shoots from same base; woody shoot (eg from a tree stump)
macroclima *m*
macroclimate
macroelemento *m*
macronutrient
madera *f*
wood; timber
madera *f* **blanda**
softwood
madera *f* **de especie frondosa**
hardwood
madera *f* **dura**
hardwood
madreselva *f*
[Lonicera periclymenum]
honeysuckle; woodbine
madreselva *f*
[Lonicera caprifolium]
honeysuckle; Etruscan honeysuckle
madreselva *f* **del Japón**
[Lonicera japonia]
Japanese honeysuckle
madroño *m*
[Arbutus unedo]
strawberry tree
maduración *f*; **proceso** *m* **de maduración**
ripening; mellowing (of fruit); lignification (of branches)
madurar *v*
ripen, to
madurez *f*; **sazón** *f*; **maduracion** *f* **completa**
ripeness
maduro,-ra *adj*
ripe
• poco maduro = underripe, unripe
magnesia *f*
magnesia
magnesio *m*
magnesium
magnolia *f*
magnolia (colour)
magnolio *m*; **magnolia** *f* **Virginiana**
[Magnolia glauca], [Magnolia grandiflora]
magnolia tree
maiz *m*
maize (plant)
maiz *m*; **maiz** *m* **dulce** {And., SC: **chocio** *m*; Mex: **elote** *m*}
[Zea mays]
maize; sweet corn
maizal *m*
maize field
majuelo *m*; **espino** *m* **albar; espino majuelo**

mal blanco del guisante

[Crataegus monogyna]
hawthorn
mal *m* **blanco del guisante; lepra** *f* **del guisante {LA: lepra de la anveja}**
[Oidium]
mildew; vine mildew; powdery mildew; oidium
mal *m* **del esclerocio de los ajos; podredumbre** *f* **blanca del ajo**
white rot of onion
mala hierba *f* **{LA; maleza** *f*; **Arg: yuyo** *m*}
weed
malatión *m* ®
malathion ® (an organo-phosphorus pesticide)
maleza *f*
undergrowth; weeds; brushwood
malla *f*
mesh (eg of netting)
• malla de alambre = wire mesh; wire netting
malva *f*; **malva de campo**
[Malva sylvestris]
common mallow
malva *f* **real; lavatera** *f*
[Lavatera trimestris]
lavatera
malvarrosa *f*; **malva** *f* **real; malva loca**
[Alcea]
hollyhock
malvavisco *m*; **falso** *m* **hibisco**
[Malvaviscus arboreus]
sleepy mallow
malvavisco *m* **común; altea** *f*
[Althaea officinalis]
marsh mallow
mammillaria
[Mammillaria]

pincushion cactus
mamón *m*
sucker
mancha *f*
spot; mark; stain
• manchas en las hojas = spots on the leaves
mancha *f* **foliar**
leaf spot
• mancha foliar irregular = leaf blotch
mancha *f* **negra**
black spot (eg on roses)
mandarina *f*
mandarin (fruit)
mandarino *m*; **mandarinero** *m*
[Citrus reticulata]
mandarin orange tree
mango *m*
[Mangifera indica]
mango tree; mango fruit
mango *m*
handle
• mango disponible = spare handle
manguera *f* **(para regar); manga** *f*
hose; garden hose; hosepipe
• manguera *f* de riego = sprinkler hose
mantener *v*
maintain, to; keep, to; support, to
mantillo *m*
topsoil; humus; mould; mulch; manure; vegetable mould; garden mould
mantillo *m* **de hojas**
leaf mould; compost
manzana *f*
apple
• manzanar *m* = apple orchard
manzanal *m*

maximizar

apple orchard; apple tree
manzano *m*
[Malus domestica]
apple tree (cultivated)
manzano *m* **silvestre**
[Malus sylvestris]
wild apple tree, crab apple tree
maquinaria *f* **de jardin**
garden machinery
maranta *f*; **planta** *f* **de la oración**
[Maranta leuconeura]
prayer plant
marcar *v*
mark, to; mark out, to
marchitamiento *m*
wilt; fading; withering
marchitar *v*; **marchitarse** *v*
wilt, to (flower); wither, to; fade, to
marga *f*
marl; loam
margarita *f* **de los prados;**
bellorita *f*; **margarita menor;**
chirivita *f*
[Bellis perennis]
daisy; common daisy; lawn daisy; English daisy
margarita *f*
[Argyranthemum gracile]
daisy; marguerite; Paris daisy
margarita *f* **leñosa; margarita de Canarias**
[Argyranthemum frutescens],[Chrysanthemum frutescens]
marguerite; daisy of the Canary Islands
margarita *f* **del Cabo;**
dimorfoteca *f*
[Osteospermum fruticosum],
[Dimorphoteca fruticosa]
Cape marguerite; trailing African daisy; shrubby daisybush
margarita *f* **mayor; manzanilla** *f* **loca**
[Chrysanthemum leucanthemum]
ox-eye daisy
margen *f*
bank (of river); border; edge
mariposa *f*
butterfly
mariposa *f* **de la col**
cabbage white butterfly
mariposa *f* **nocturna**
moth
mariposita *f* **(blanca)**
[Schizanthus pinnatus]
butterly flower; poor man's orchid
mariquita *f*   [Col: **petaca** *f*; Chi:**chinita** *f*]
ladybird; ladybug
martillo *m*
hammer
mastuerzo *m*; **cardamina** *f*
[Lepidium sativum]
cress; garden cress
mata *f*
bush; shrub; plant; sprig; clump (of roots)
• matas = shrubbery
mata *f* **de lavanda; planta** *f* **de lavanda**
lavender bush; lavender plant
matamoscas *m*
flyswatter
matas *fpl*
1 thicket; scrub; 2 field, plot
matorral *m*; **matorrales** *mpl*
thicket; brushwood; scrub
maximizar *v*
maximize, to
mazo *m*; **maza** *f*

mazorca de maiz

mallet; maul; beetle
mazorca *f* de maiz
cob of maize; corncob
medición *f*
measuring
medir *v*
measure, to; guage, to
médula *f*
pith
mejorador *m* de suelo
soil improver
mejorana *f* cultivada
[Origanum majorana]
marjoram. sweet
melaza *f* (see also mielato)
honeydew
melero m; flor f de miel
[Melianthus major]
[honeybush
melifero,-ra *adj*
honey-producing
melocotón *m* (see also durazno)
peach (fruit)
melocotonero *m*
[Prunus persica]
peach tree
melón *m*
melon
membrillero *m*; membrillo *m*
[Cydonia vulgaris], [Cydonia oblonga]
quince tree
membrillo *m*
quince (fruit)
menta *f*
[Mentha]
mint
menta *f* de agua
[Mentha aquatica]
water mint; marsh mint
menta *f* verde

[Mentha spicata]
spearmint
menta-poleo, poleo; poleo *m*enta
[Mentha pulegium]
pennyroyal
metake *m*; pseudosasa *m* japonica
[Pseudosasa japonica]
arrow bamboo; metake
metaldehido *m*
slug pesticide; metaldehyde
mezclar *v*
mix, to; blend, to
micorriza *f*
mycorhiza
microclima *m*
micro-climate
microelemento *m*
micronutrient
mielato *m*
honeydew
mijo *m*
millet
mildeu *m* aterciopelado ; mildiu *m* aterciopelado
downy mildew
mildeu polvoriento ; mildiu polvoriento
powdery mildew
mildiu *m*; mildeu *m* (see also moho)
mildew
milenrama *f*; milhojas
[Achillea millefolium]
yarrow; achillea; milfoil
milhojas *f* acuáticas
[Myriophyllum aquaticum]
parrot's feather; water milfoil
milpiés *m inv*
millipede
mimbre *m*; sauce *m* mimbre

[Salix viminalis]
common osier
mimbrera *f*
osier
mimosa *f*
[Mimosa]
mimosa
mimosa *f* **fina; mimosa**
[Acacia dealbata]
silver wattle
minador *m*
leafminer
mini invernadano
garden frame
minifundio *m*
smallholding; small farm
• finca = farm or smallholding with a house
• pacela *f* = plot of land; smallholding without a house
minimizar *v*
minimize, to
miosota *f*; **miosotis** *f* **de los campos; raspilla** *f*
[Myosotis]
forget-me-not
mirto *m* **común; mirtos; arrayán** *m*
[Myrtus communis]
myrtle
miscanthus *m*
[Miscanthus]
ornamental grass
mochuelo *m*
little owl
moho *m*
mould; mildew
mohoso,-sa *adj*
mildewed; mildewy; mouldy
mojar *v*
dampen, to; make wet, to; get wet, to

monte *m* **bajo**
scrubland; bush
montón *m* **de abono vegetal**
compost heap
montón *m* **de mantillo**
compost pile
mora *f*
blackberry (fruit); mulberry (fruit)
moral *m*, **moral negro**
[Morus nigra]
mulberry (black) bush or tree
morera *f*; **morera blanca**
[Morus alba]
mulberry (white) bush/ tree
morir *v*
die, to
mosca *f*
fly
mosca *f* **africana; mariposa africana; mariposa del geranio**
[Cacyreus marshalli]
geranium moth
mosca *f* **común**
housefly
mosca *f* **de burro**
horsefly
mosca *f* **de la fruta**
fruit fly
mosca *f* **doméstica**
house fly
mosca *f* **negra**
blackfly
moscarda *f*
blowfly; bluebottle
moscardón *m*
1 bluebottle; blowffly; botfly; 2 hornet
mosquito *m*   {LA: **zancudo** *m*; **jejen** *m*}
mosquito; gnat
mosquito *m* **verde**

mostajo

[Empoasca lybica]
leaf hopper
mostajo *m*; **serbal** *m* **morisco;**
serbal blanco
[Sorbus aria]
whitebeam, common
mostaza *f* **blanca**
[Brassica alba] , *[Sinapsis alba]*
mustard plant (component of mustard and cress)
moteado,-da *adj*
speckled; spotted
motoazada *f*; **motocultor** *m*; **retovato** *m*
cultivator, motorised; mechanical hoe
  • motoazada gasolina = motorised cultivator, (petrol)
  • motoazada eléctrica = motorised cultivator, (electric)
motocultor *m*
Rotovator ®
motoguadaña *f*
strimmer
motosierra *f*
chainsaw; power saw
  • motosierra batteria /electrica /gasolina = battery operated/ electrical/ petrol engine chainsaw
mudar *v* **de tiesto; cambiar de maceta**
repot, to; pot on, to
muérdago *m*
[Viscum album]
mistletoe
muesca *f*
notch; mark; slot; groove
mugre *f*
dirt; filth
mulch *m*
mulch

mulching *m*
mulching
mullir *v* **el suelo**
loosen, to (soil); dig over, to
multiflora *f*
multiflowering plant
multiplicación *f* **de las plantas**
plant propagation
multiplicación *f* **por estacas; estaquillado** *m*
propagation by cuttings
multiplicación *f* **por estacas de raiz**
propagation by root cuttings
musa ornata *f*
[Musa ornata]
flowering banana; dwarf pink banana
musaraña *f*
shrew; shrewmouse
muscari *m*; **nazareno** *m*; **jacinto** *m* **de penacho**
[Muscari neglectum]
grape hyacinth
musgo *m*
moss
musgoso *adj*; **cubierto de musgo**
mossy

N

nabicol *m*
type of turnip
nabo *m*
[Brassica campestrii rapa]
turnip
nabo *m* **sueco; rutabaga** *m*; **nabo de mesa**
[Brassica napus]
swede; Swedish turnip; rutabaga

ñame *m*
yam; variety of sweet potato
nanoclima
nano-climate
naranjal *m*
orange grove
naranjo *m*, **narajno dulce**
[Citrus sinensis]
orange tree
naranjo *m* **amargo; naranja** *f* **agria, naranjo agrio; naranja Sevilla**
[Citrus aurantium] , *[Citrus vulgaris]*
orange, bitter orange; Seville orange
naranjo de México; naranjo de Méjico
[Choisya ternata]
Mexican orange blossom
narciso *m*
[Narcissus]
daffodil; narcissus
• narciso atrompetado = daffodil
• narciso trompón = daffodil
naturaleza *f*
nature
navaja *f* **(see also cuchilla)**
blade (eg of cutting tool); penknife
navaja *f* **de injertar**
grafting knife
navaja *f* **de podar**
pruning knife
navaja *f* **jardinera**
billhook
nave *f*
shed, large
néctar *m*
nectar
nectarina *f*   { RPl: **pelón** *m*; Chi: **durazno** *m* **pelado**}

ninfa de arroyos

[Prunus persica var nectarina]
nectarine tree
• nectarina = nectarine fruit ; a variety of peach
nefrolepis *m*; **helecho** *m* **espada; helecho rizado**
[Nephrolepis exaltata]
fern
nemátodo *m*
eelworm; nematode; potato-root eelworm; beet eelworm
nenúfar *m*
water-lily
nenúfar *m* **blanco; rosa** *f* **de Venus**
[Nymphaea alba]
European white waterlily; nenuphar
nenúfar *m* **flecado; ninfoides; gencianas** *fpl* **acuáticas**
[Nymphoides peltata]
fringed water lily; water fringe
nevada *f*
snowfall
nevar *v*
snow, to
nido *m*
nest (eg of bird, reptile)
niebla *f*
1 fog; 2 mildew
niebla *f* **seca del tomate; manchas** *fpl* **de las hojas del tomate**
tomato leaf spot
nieve *f*
snow
ninfa *f*
nymph
ninfa *f* **de arroyos**
[Limenitis reducta]
southern white admiral (butterfly)

nitrato amónico

nitrato *m* **amónico**
ammonium nitrate
nitrato cálcico; nitrato de calcio
nitrate of lime; calcium nitrate
nitrógeno *m*
nitrogen
nivel *m* **freático**
water table
nivelar
level, to; get level, to
nódulo *m*
nodule
nogal *m* **común**
[Juglans regia]
walnut tree; walnut wood
nogal *m* **negro; nogal americano**
[Juglans nigra]
walnut tree, black
nomeolvides *f*, **miosotis**
[Myosotis sylvatica]
forget-me-not
miosotis *f* **palustre; miosotis** *f* **de agua; nomeolvides** *m* **acuatico**
[Myosotis scorpoides]
water forget-me-not
nopal *m*; **nopal blanco, palera** *f*, **tuna** *f*, **chumbera** *f*, **higo** *m* **de México; higo chumbo**
[Opuntia ficus-indica]
edible prickly pear; Indian fig
nudo *m*
knot (eg in wood, rope or cord); node ((bifurcation)
nuez *f*
nut; walnut; pecan nut
nuez *f* **de Brasil**
Brazil nut
nuez *f* **de Pará**
Brazil nut
níspero *m*; **nispero germanico; nispero europeo;**

nispola *f*; **nispolero** *m*
[Mespilus germanica]
medlar; loquat

O

oídio *m* **(see also mildiu polvoriento)**
powdery mildew
olearia *f*
[Olearia]
daisy bush
oligoelemento *m*
trace element
oliva *f*
olive; olive tree
olivar *m*
olive grove
olivicultura *f*, **oleicultura** *f*
olive-growing
olivo *m*
[Olea europaea]
olive tree
olmo *m*
[Ulmus]
elm tree
olmo *m* **campestre**
[Ulmus campestris], *[Ulmus procera]*
English elm; nave elm
olmo *m* **común; alamo negro; negrillo**
[Ulmus carpinifolia], *[Ulmus minor]*
smooth-leaf elm
olmo *m* **de montaña; olmo montano**
[Ulmus glabra]
wych elm
olmo *m* **de Siberia; olmo siberiano**

[Ulmus pumila]
Siberian elm
olmo *m* **hibrido holandés**
[Ulmus x Hollandica]
Dutch elm
olmo *m* **rojo americano**
[Uimus fulva],[Ulmus rubra]
American slippery elm; red elm
oloroso *adj*; **fragrante** *adj*; **aromático** *adj*
odorous; fragrant; sweet-smelling
ombligo *m* **venus; ombliguera** *f*
[Umbilicus pendulinus],[Cotyledon umbilicus]
pennywort; navelwort
onagra *f*, **enotera** *f*
[Oenothera]
evening primrose
orégano *m*; **mejorana** *f* **silvestre; orenga** *f*
[Origanum vulgare]
oregano, wild marjoram
orejas *fpl* **de gato; planta** *f* **panda; kalanchoe**
[Kalanchoe tomentosa]
pussy ears; panda plant
oreocereus *m* **celsianus; viejo hombre** *m* **de los Andes**
[Oreocereus celsianus]
old man of the mountains (or Andes)
orgullo *m* **de Madeira**
[Echium candicans]
pride of Madeira
orquídea *f*
orchid
ortiga *f* **mayor**
[Urtica dioica]
stinging nettle
oruga *f*
caterpillar

• oruga procesionaria = processionary caterpillar
oruga *f*, **rúcula** *f*, **rucola** *f*
[Eruca sativa]
rocket
osmunda *f*, **helecho** *m* **real**
[Osmunda regalis]
royal fern
otoñal *adj*
autumnal
otoño *m*
autumn
• en (el) otoño = in (the) autumn

P

pachulí *m*; **patchoulí**
[Pogostemon patchouli]
patchouli, patchuly
paisaje *m*
landscape
paja *f*
straw
pajar *m*
barn; hayloft
pájaro *m*
bird (small)
• pájaro carpintero = woodpecker
pajote *m*
mulch; straw mulch
• cubrir con pajote = to mulch
pala *f*
spade: shovel
• pala cuadrada = square shovel
pala *f* **cuadrada**
square-point shovel or spade
pala *f* **de punta**
round-point shovel or spade
paletín *m*

palita de jardin
small hand garden trowel; small pointing trowel
palita *f* de jardin
shovel (hand); trowel
palma *f*; palmera *f*
palm tree; palm leaf
palma *f* (africana) de aceite; palmera *f* de aceite
oil palm; African oil palm
palma *f* alejandra; palmera *f* de Alejandria
[Archontophoenix alexandrae]
Alexandra palm; King palm
palma *f* datilera; palmera *f* datilera; palmera *f* de dátiles; palma *f* común
[Phoenix dactylifera]
date palm
palma *f* de jardin; palmito *m* elevado; palma de fortune
[Trachycarpus fortunei]
Chusan palm; windmill palm
palma *f* mexicana; pritchardia *f*; palmera *f* de abanico mejicana
[Waashingtonia robusta]
Mexican fan palm; mexican thread palm
palmera *f*
palm tree
palmera *f* azul (de Méjico); palmera gris
[Brahea armata]
hesper palm; blue hesper palm; brahea palm
palmera *f* canaria; palma *f* canaria; fénix *m*
[Phoenix canariensis]
Canary island date palm
palmera *f* china de abanico; livistonia *f* de china
[Livistonia chinensis]
Chinese fan palm; Chinese fountain palm
palmera *f* del Senegal; palma *f* del Senegal; datilera enana
[Phoenix reclinata]
date palm; Senegal date palm
palmera *f* enana; palmera pigmea; palma *f* fénix robelini
[Phoenix roebelenii]
dwarf date palm; pygmy date palm
palmeta *f*
palmette; fan-trained tree
palmita *f* de agua
[Berula erecta]
water parsnip
palmito *m*; margalló *m*; palmito europeo
[Chamaerops humilis]
dwarf fan palm; European fan palm; palmetto
palmito elevado; palma o palmera de fortune; palmito de pie
[Trachycarpus fortunei]
windmill palm; chusan palm
palomilla *f*
moth; grain moth; nymph; chrysalis
palustre *m*
smal shovel; small spade; builder's trowel
palustre *adj*
marshy
pámpana *f*
vine leaf
pámpano *m*
tendril; young shoot; small bunch of grapes; vine shoot
pamplina *f*, álsine *f* media, hierba *f* de los canarios
[Stellaria media]
chickweed

panal *m*
honeycomb
aliso *m* **maritimo; canastillo** *m* **de plata; alisón** *m*
[Lobularia maritima]
sweet alyssum
panel *m*
panel; fence panel
pantalla *f* **cortavientos**
windbreak (for plants)
pantanoso,-sa *adj*
marshy, swampy; boggy
papa *f* **(LA)**
potato
paquete *m* **de semillas**
packet of seed
páramo *m*; **turbera** *f*
moorland; moor
parásito,-ta *adj*
parasitic
parásito *m*
parasite
pared *f* **seca**
dry-stone wall
parodia *f*
[Parodia]
ball cactus
parque *m*
park; public gardens
parterre *m*
flower bed; ornamental garden; parterre
pasar el invierno
winter, to
paseo *m*
passway; walkway; path; garden path
pasionaria *f*; **flor** *f* **de la pasion**
[Passiflora caerulea]
passion flower ; blue passion flower

peciólulo

pasionaria *f* **lila; flor** *f* **de la pasión**
[Passiflora incarnata]
purple passion flower; maypop
pasta *f* **bordelesa**
Bordeaux mixture
pasto *m*
pasture; grass; lawn; grazing
• cortar el pasto = to mow the lawn
pata *f* **de leon; pie** *m* **de leon; alquimila** *f*
[Alchemilla vulgaris]
alchemilla; lady's mantle; common lady's mantle; dewcup
pata *f* **de vaca; bauhinia** *f*
[Bauhinia candicans]
orchid tree
patata *f*; **patatas** *fpl*; **{LA: papa** *f*; **papas** *fpl***}**
[Solanum tuberosum]
potato
• patata nueva = new potato
patata *f* **de siembra; patata-semilla** *f*; **{LA: papa** *f* **para semila}**
seed potato
patatal *m* ; **patatar** *m*
potato patch; potato field
patio *m*
patio; courtyard; yard
patrón *m* **de raiz**
root stock (for grafting)
pececito *m* **(rojo); peces** *mpl* **de colores**
goldfish
peciolo *m*
petiole; stalk (eg of leaf)
peciólulo *m*
petiolule; stalk of leaflet
pedículo *m* **(see pedúnculo)**

pedregal
stalk
pedregal *m*
stony ground; rocky ground
pedregoso *adj*
stony (eg ground)
pedúnculo *m*
stalk; stem (of leaf or flower)
pelos *mpl* **de bruga**
[Stipa pennata]
feather grass
pendiente *f*
slope; incline
pensamiento *m*, **trinitaria** *f*
[Viola tricolor]
pansy; heartsease
pensamiento *m*; **geranio** *m* **real;**
malvón *m* **pensamiento**
[Pelargonium x domesticum]
geranium, show; regal pelargonium
peonia *f*
[Paeonia cambessedesii]
Majorcan peony; Mexican poppy
peonía *f*
[Paeonia officinalis]
peony
peonia *f* **china; peonia hybrida**
[Paeonia lactiflora]
peony
pepinillo *m*
gherkin
pepino *m*
[Cucumis sativus]
cucumber
pepita *f*; **semilla** *f*
seed (grape, apple etc); pip
• **sin pepitas** *adj*; **sin semillas** *adj*
pH
• pH del suelo = soil pH value
picadura *f* **de insecto**
insect bite or sting

seedless
pera *f*
pear (fruit)
pera *f* **de sidra**
perry pear
peral *m* **común**
[Pyrus communis]
pear tree
peral *m* **silvestre; perastro** *m*
[Pyrus pyraster]
wild pear
perejil *m*; **perijil** *m*
[Petroselinum crispum]
parsley
perenne *adj*
perennial
perennifolio,-lia *adj*
evergreen
perfume *m*; **fragrancia** *f*; **aroma** *m*
scent; fragrance; perfume
pérgola *f*
pergola
perifollo *m*; **cerefolio** *m*
[Anthriscus cerefolium]
chervil
perro *m*; **perra** *f*
dog (*f* bitch)
pesar *v*
weigh, to; be heavy, to
pesticida *m*
pesticide
pétalo *m*
petal
petunia *f*
[Petunia]
petunia
pH *m*
picadura *f* **de ortiga**
nettle sting
picadura *f* **de abeja**
bee sting

picea f **de Noruega; abeto** m **falso; abeto rojo ; árbol** m **de Navidad**
[Picea abies]
Norway spruce
pícea m **roja de Canada**
[Picea rubra], [Picea rubens]
Canadian red spruce
pico m
pick; pickaxe
pie m **de león ; alquimila** f
[Alchemilla vulgaris]
lady's mantle; alchemilla; dewcup
piedra f**; piedricita** f**; guijarro** m**; {LA: piedrita** f**}**
stone; pebble; rock
• casas de piedra = stone houses
piedra f **de afilar**
sharpening stone; grindstone; whetstone
piel f
peel (fruit); peelings (potato)
pijaro m**; helecha** f
[Polystichum setiferum]
soft shield fern
pila f **de compostaje**
compost heap; compost pile
pimentero m
pepper plant; pepper pot
pimentero m **falso**
[Schinus molle]
false pepper tree
pimentón m**; paprika** f**, pimiento** m
[Capsicum annum]
capsicum;sweet pepper; paprika
• pimentón dulce = paprika
pimienta f **de cubeba**
[Piper cubeba]
cubeb pepper

pimienta f **negra/blanca**
black/white pepper
• pimentero m = pepper plant
pimiento m **dulce; pimiento morrón**
sweet pepper; pimento
pimiento m **rojo**
red pepper
pimiento m **verde**
green pepper
pimpollo m
sucker; shoot (of plant); sapling; bud
piña f**; pinocho** m
pine cone
piña f**, ananá** f**; piña tropical**
[Ananas comosus]
pineapple
pinar m
pinewood; pine forest; pine grove
pindó m**; palma** f **chirivá; jerivá** f**, coco** m **plumoso; palma de la reina**
[Syagrus romanzoffiana]
queen palm; cocos palm
pino m **insigne; pino de Monterey**
[Pinus radiata]
Monterey pine; insignia pine
pino m
pine tree
pino m **carrasco; pino de Alepo; pino de Chipre**
[Pinus halepensis]
Aleppo pine; Cyprus pine
pino m **maritimo; pino larix, pino negral; pino rubial**
[Pinus pinaster]
maritime pine
pino m **Mugho**

pino negro de Córcega

[Pinus mugo]
Swiss mountain pine
pino *m* negro de Córcega
[Pinus nigra maritime], [Pinus nigra laricio]
Corsican pine
pino *m* piñonero; pino parasol
[Pinus pinea]
stone pine ; umbrella pine
pino *m* rodeno; pino maritimo; pino negral
[Pinus pinaster]
cluster pine; maritime pine
pino *m* silvestre ; pino albar
[Pinus sylvestris]
Scots pine ; Scotch pine
pinocha *f*
pine needle (on ground)
piñon *m*
pine kernal; pine nut
pinsapo *m*
fir; Spanish fir
piojo *m*; piojos *mpl*
louse; lice
piqueta *f*
pick; pickaxe
piretro *m*; pelitre *m*
pyrethrum
piscina *f*; {Mex: alberca *f*; RPl: pileta *f*}
swimming pool; fishpond
 • piscina climatizada = heated swimming pool
pistacho *m*
[Pistacia vera]
pistachio; pistachio nut
pistilo *m*
pistil
pita *f* real
[Aloe saponaria]
soap aloe; African aloe
pitosporo *m* ; pitosporo del Japón; azahar de la China
[Pittosporum tobira]
Japanese orange; Japanese mock orange
plaga *f*
pest; plague
plaguicida *m* (see also pesticida)
pesticide; insecticide
planear *v*
plan, to
planta *f*
plant
 • planta de flor tardia = late bloomer; late flowering
planta *f* acidófila
plant preferring acidic soils
planta *f* anual
hardy annual; annual plant
planta *f* arquitectónica
architectural plant
planta *f* beneficiosa acompañante
companion plant
planta *f* carnosa
succulent (plant)
planta *f* crasa; crasa *f*
succulent
planta *f* cultivada en un maceta; { Col, Ven :mata *f*}
pot plant; house plant
planta *f* de exterior
outdoor plant
planta *f* de interior
house plant
planta *f* de invernadero
greenhouse plant; glasshouse plant; hothouse plant

78

planta *f* **de la resurrección; rosa** *f* **de Jericó; flor** *f* **de piedra; doradilla** *f*
[Selaginella lepidophylla]
resurrection plant, rose of Jericho, spikemoss
planta *f* **de semillero**
seedling
planta *f* **de tiesto**
pot plant; potted plant
planta *f* **del dinero; planta del euro; plectranto** *m*
[Plectranthus australis]
money plant; swedish ivy
planta *f* **del tabaco**
[Nicotiana alata]
white scented tobacco plant
planta *f* **enredadera; planta voluble**
twining plant; volubilate plant
planta *f* **frutal**
fruit crop
planta *f* **madre; pie** *m* **madre**
mother plant; stock plant
planta *f* **ornamental**
ornamental plant
planta de adorno
ornamental plant
planta *f* **para seto vivo**
hedging plant
planta *f* **perenne**
perennial; hardy perennial
planta *f* **trepadora**
climbing plant; climber
• rosal trepador = rambling rose
planta *f* **vivaz**
perennial; hardy perennial
plantación *f*
planting; field; plantation
plantador
dibber; dibble; planter (person)

plectranthus neochilis

plantador *m* **de bulbos**
bulb dibber
plantadora *f*
planter; planting machine
plantar *v*
plant, to (eg onions, trees); sow, to (seeds)
plantar en maceta; enmacetar *v*
pot, to
plantario *m*; **cama de siembra**
seedbed; plant nursery
plantas *fpl* **adventicias**
weed; weeds
plantio *m*
field of crops; planting; bed; patch
plantón *m*
seedling; young plant; cutting; shoot
plántula *f*
seedling; plantlet
plataner *f*
banana plantation; banana tree
platanero *m*
banana tree
plátano *m* **grande; llanten; llanten mayor**
[Plantago major]
plantain, common; greater plantain; rat's tail plantain
plátano *m*
banana (fruit)
plátano *m* **común; plátano de sombra**
[Platanus acerifolia], [Platanus x hispanica Mill]
plane tree
plectranthus *m* **neochilis**
[Plectranthus neochilis]
spur flower
pleioblastus *m* **auricomus**

pleioblastus pygmaeus

[Pleioblastus auricomus],
[Pleioblastus viridistriatus]
golden bamboo; kamuro-zasa
pleioblastus pygmaeus *m*;
bambú *m* **enano**
[Pleioblastus pygmaeus]
dwarf bamboo; pygmy bamboo
plumacho *m*; **rabo** *m* **de gato;**
plumero *m*
[Pennisetum setaceum]
fountain grass; African fountain grass
plumbago *m*; **celestina** *f*
[Plumbago]
leadwort
plumero *m*; **plumeros; carrizo** *m*
de la Pampa; hierba *f* **de la**
Pampa
[Cortaderia selloana]
Pampas grass
pluviometro *m*
rain gauge; pluviometer
pocho, pocha *adj*
discoloured; soft; over-ripe (eg fruit); withered (eg flower)
poda *f*
pruning; pruning season
poda *f* **en verde; poda de estio**
summer pruning
poda *f* **de fructificación**
spur pruning
poda *f* **en seco; poda de invierno**
winter pruning
podadera *f*
lopping shears; pruning shears; pruning knife; secateurs; billhook
podadera *f* **de árboles**
tree pruner
podadora *f* **de bordes**
trimmer; edge trimmer
podadora *f* **de mango largo**
pole pruner
podadora *f* **telescópica**
extendable pruner; pole pruner
podar *v*
prune, to; thin out, to; lop, to
podón *m*
billhook; pruning knife
podredumbre *f*
rot; rotteness; decay
podredumbre *f* **de la madera**
causada por un hongo
wet rot
podredumbre *f* **de la raiz; mal** *m*
blanco de las raices
white root rot
podredumbre *f* **parda**
monila disease (fungus); brown rot (eg of fruit)
podrido *adj*
rotten (fruit)
poinciana *f*; **ave** *f* **del paraiso;**
caesalpinia *f*
[Caesalpinia gilliesii]
bird-of-paradise; yellow bird-of-paradise; poinciana
poinsetia *f*; **flor** *f* **de pascua**
[Euphorbia pulcherrima]
poinsettia; Mexican flame tree
polemonio *m*; **flox** *m*
[Phlox drummondii]
phlox; annual phlox
polemonio *m* **azul**
[Polemonium caeruleum]
Jacob's ladder
polen *m*
pollen
polietileno *m*
polythene; polyethylene
poligala *f*
[Polygala dalmaisiana]
sweet pea shrub; milkwort

polilla *f*
moth; clothes moth
polilla *f* **del puerro**
leek moth
polilla *f* **parda de la harina**
[Pyralis farinalis]
pyralis; meal moth
polinización *f*
pollination
polinización *f* **cruzada**
cross-pollination
polinizar
pollinate, to
pollarding
pollarding
polvo *m* **de hormonas para esquejes**
hormone rooting powder (for cuttings)
polygonum *m*
[Fallopia baldschuanica],
[Polygonum aubertii]
Russian vine
pomelo *m*; {LA: **toronja** *f*}
[Citrus grandis]
grapefruit; pomelo
poner *v*
put, to; place, to; lay, to; install, to
pontederia *f*; **espigas** *fpl* **de agua; camalote** *m* **grande; flor** *f* **de la laguna; tule** *m*
[Pontederia cordata]
pickerel weed
por ciento
per cent
portainjerto *m* (see also **patrón de raíz**)
stock; rootstock; stock-vine
portón *m*; {LA: **tranquera** *f*}
gate (to field)

producir flores

portulaca *f*; **verdolaga** *f* **de flor; flor** *f* **de seda**
[Portulaca grandiflora]
moss rose; rose moss; sun plant
poste *m*
post; pole
potasa *f*
potash
potasio *m*
potassium
• nitrato de potasio = potassium nitrate
poto *m*; **potos; ecindapso** *m*
[Pothos aureus][Epipremnum aureum][Scindapsus aureus]
pothos devil's ivy
pozo *m*; **aljibe** *m*
well; shaft
• pozo de riego = well used for irrigation
prado *m*; **pradera** *f*
meadow; field
prender *v*
take root, to (eg cutting)
preparar
prepare, to; get ready, to
primavera *f*
spring (season); primrose
• en primavera = in (the) spring
primavera *f*, **vellorita** *f*, **primula** *f*
Primula pulverulenta
primula
primicias *fpl*
early fruit; first fruits
primula *f*, **vellorita** *f*, **primavera** *f*
[Primula veris]
cowslip
producir flores y semillas antes de tiempo; florecer *v*; **echar** *v* **mucha hierba; echar flores**
bolt, to; go to seed, to

81

propagación

propagación *f*
propagation
propagar *v*
propagate, to
propagarse *v*
propagate, to
propiedad *f*
property
proteger *v*
protect, to
proteger *v* **del sol**
shade, to
protegido,-da *adj*
sheltered; protected
pudrición *f*; **pudrimiento** *m*
decay; rotting
 • pudrición seca = dry rot
 • resistente a la pudrición = rot resistant
pudrición *f* **blanca**
white rot
pudrición *f* **húmeda; putrefacción** *f* **húmeda**
wet rot
pudrición *f* **parda**
brown rot
pudrición *f* **seca**
dry rot
pudrición *f* **suave**
soft rot
puente *m*
bridge
puerro *m*
[Allium ampeloprasum var. porrum]
leek
pulverizador *m*
pump sprayer
 • pulverizador para frutales = orchard sprayer
pulverizadora *f*
duster
pulga *f*
flea
pulgar *m*; **espolón** *m*
spur
pulgón *m*; **pulgones** *mpl*
aphids; greenfly
pulgón *m* **(see also afido)**
greenfly; aphid; plant louse
 • pulgones *mpl* = infestation
pulgón *m* **blanco; mosca** *f* **blanca**
whitefly
pulgón *m* **blanco; mosca** *f* **blanca; mosquita** *f* **blanca de los invernaderos**
whitefly (greenhouse)
pulgón *m* **negro**
black aphid; blackfly
pulmonaria
[Pulmonaria sacharata]
pulmonaria; lungwort
pulpa *f*
pulp (of fruit)
pulverizador *m*
sprayer; hand sprayer; syringe
 • pistola *f* pulverizadora = pistol nozzle type sprayer
 • boquilla *f* pulverizadora = spray nozzle type sprayer
pulverizar *v*
pulverize, to; crush, to (eg solids); spray, to; syringe, to (eg liquids)
puntal *m*
prop; post; support
pupa *f*
pupa; pupae (*pl*)
putrefacción *f*
rot; rotting; decay
 • putrefacción fungoide = dry rot

Q

quebrado *m* **por viento**
windbreak
quejigo *m*; **rebollo; roble carrasqueño**
[Quercus faginea]
gall oak; Portuguese oak
quelato *m*
chelate
• quelato de hierro = iron chelate
quelpo *m*; **kelp** *m*
kelp
quemar *v*
burn, to; set on fire, to; scald, to
queresa *f* **(see also cochinilla)**
scale
quingombó *m*; **kimbombó** *m*; **calalú** *m*
okra; lady's fingers; gombo
quitar
take out, to; take away, to; remove, to
• quitar con dedos = to pinch out
quitar el musgo
remove moss from, to

R

rabanillo *m*; **rabanito** *m*
[Raphanus raphanistrum]
wild radish
rábano *m*
[Raphanus sativus]
radish
rabano *m* **picante**
[Cochlearia armoracia], *[Armoracia rusticana]*
horseradish
rábano *m* **negro**
[Raphanus sativus var. niger]
black radish; winter radish
rabillo *m*
stalk (of fruit, leaf)
racimo *m*
cluster; bunch (eg carrots. grapes)
radicula *f*; **rejo** *m*
radicle; rootlet
raices *fpl*
root system
raices plantas *fpl*
root crops;
raigón *m*
large root; thick root; stump; root sucker
raiz *f*
root (of plant, tree)
raiz *f* **adventicia**
adventitious root
raiz *f* **aérea**
aerial root
raiz *f* **desnuda**
root, bare root
raiz *f* **comestible; tubérculo** *m* **comestible**
root vegetable (eg carrot, sweet potato)
raiz *f* **pivotante; raiz principal; raiz central**
root, taproot
ralear *v*
thin, to; thin out, to; make thin .to
raleo *m* **(see also entresaca)**
thinning out (plants)
rama *f*
branch (of tree)
rama *f* **grande**

rama madre
limb (of tree); branch
rama *f* **madre**
parent branch
rama *f* **pequeña (see ramita)**
twig
ramaje *m*
branches
ramillete *m*
posy; spray of blossom; bunch of flowers
ramita *f*
spray of flowers
ramita *f* **(see also vara)**
twig
ramita *f* **de perejil**
parsley, sprig of parsley
ramo *m*
branch; bough; bunch; bouquet
• ramo de flores = bunch of flowers
rana *f*
frog
ranúnculo *m*
[Ranunculus]
buttercup
ranúnculo *m* **acuático;**
ranúnculos de agua; cancel *m* **de las ninfas**
[Ranunculus aquatilis]
water buttercup
raposo *m*; **raposa** *f*
fox; vixen
raquitico,-ca *adj*
stunted (eg tree); weak; feeble
raspón *m*; **escobajo** *m*; **raspajo** *m*
grape-stalk
rastra *f*; **grada** *f*
harrow
rastreado *m*
raking
rastrillar *v*
rake, to; rake smooth, to
rastrillo *m*
rake; lawn rake
rastrillo *m* **tres dientes**
three-pronged hand rake, small
rastrillo *m* **amontonador de heno**
hay rake
rastrillo *m* **de caballones**
ridging rake
rastrojo *m*
stubble
rata *f*
rat
rata *f* **de agua**
water rat; water vole
ratacida *m* ; **matarratas** *m*
rat poison; raticide
ratilla *f*
field-vole; meadow mouse
ratón *m*; **ratóna** *f* {SC: **laucha** *f*}
mouse
ratón *m* **casero**
house mouse
ratón *m* **moruno**
[Mus spretus]
Algerian mouse
ratón *m* **silvestre; ratón** *m* **de campo**
field mouse; wood mouse
ratonera *f*
mousetrap
ratonicida *m*
mouse poison
rebrote *m* **(see also brote)**
shoot; new shoot
rebuscar *v*
pick, to (left grapes after the main harvest); glean, to (eg grapes)
rebusco *m*
late vine; late grape
rebutia *f*

[Rebutia]
crown cactus
recavar *v*
dig over, to; dig again, to
recepado *m*
cutting back: lopping
recoger *v*
harvest, to (flowers, fruit); pick up, to; pick, to (eg mushrooms); collect, to; gather, to (eg potatoes); sweep up, to (eg dead leaves)
recoger *v*; **recolectar** *v*
gather in the harvest, to; gather in the crops, to
recoger con un rastrillo
rake, to (eg leaves); gather, to
recogida *f*
harvest
recortar *v*
cut back, to; cut out, to; trim, to
red *f*
net; netting
• red de alambre = wire-netting
reforestación *f*
reafforestation
regadera *f*
watering can
regar *v*
water, to; sprinkle, to; spray, to (lawn etc)
reguera *f*; **reguero** *m*
irrigation channel
regulador *m* **de crecimiento**
growth regulator
regulador *m* **de crecimiento vegetal**
plant growth regulator
reina *f* **de noche**
[Selenicereus urbanianus]
nightblooming cirrus
reinjertar *v*

top graft, to
reino *m* **vegetal**
plant kingdom;vegetable kingdom
relámpago *m*
lightning
rellenar *v*
fill, to; fill in, to; refill, to; top up, to
remojar *v*
soak, to
remolacha *f*; **remolacha roja** **{Mex: betabel** *m*; **Chi: betarraga** *f*}
[Beta vulgaris]
beetroot
remolacha *f* **azucarera** **{Mex; betabel** *m* **blanco}**
[Beta vulgaris var]
sugar beet
remolque *m*; **tráiler** *m*
trailer
remontante
perpetual flowering
remover *v*
remove, to; turn over, to; dig up, to (soil)
renuevo *m* **(see also brote)**
shoot
repicar *v*
prick out, to (seedlings); bed out, to (plants)
• repicado *m* = pricking out; bedding out
replantar *v*
prick out,to (seedlings); bed out, to (plants); replant, to; transplant, to; set, to
repollo *m*
[Brassica oleracea]
cabbage
repollo *m* **de invierno**
winter cabbage

repollo *m* rizado; repollo de Milan; col *f* rizada; col de Milan
Savoy cabbage
reposo *m*
dormancy (of plant)
resguardar *v*
shelter, to; protect, to
resina *f*
resin; polyester plastic; epoxy resin; glass fibre composite
resistencia *f* filoxérica; resistencia a la filoxera
phylloxera-immunity
resistente *adj*
hardy
restauración *f* de terrenos
restoration of land
retama *f*; retama negra ; hiniesta *f*
[Cytisus scoparius]
broom
retama *f* de olor gayomba *f*; gallomba *f*
[Spartium junceum], *[Genista juncea]*
Spanish broom
retoño *m* (see also brote)
shoot
retrovato *m*; rotovátor *m*
mechanical cultivator; rotovator ®
reverdecer *v*
grow or turn green again, to
ricino *m*
[Ricinus communis]
castor oil plant
riego *m*
irrigation; hosing; spraying
• canal de riego = irrigation channel
riego *m*
watering; sprinkling; spraying (lawn etc)
• sistema de riego = watering system
riego *m* continuo
continuous-flow irrigation
riego *m* por aspersion
irrigation, spray irrigation; sprinkler irrigation
riego *m* por goteo
drip irrigation; trickle irrigation
rio *m*
river
ristra *f* de cebollas/ ajos
string of onions/ garlic
rizoma *m*
rootstock; rhizome
roble *m* (see also encina)
oak
roble *m*; roble pedunculado
[Quercus robur], *[Quercus pedunculata]*
common oak; European oak; pedunculate oak
roble *m* albar; roble de invierno
[Quercus petrae], *[Quercus sessiliflora]*
durmast oak; sessile oak
roble *m* pirenaico; rebollo *m*; melojo; roble melojo
[Quercus pyrenaica]
Pyrenean oak
roble *m* pubescente
[Quercus pubescens] *[Quercus lanuginosa]*
downy oak
roca *f*
rock
rocalla *f*; jardin *m* de roca; jardin de rocalla
rock garden; rockery

- rocalla = pebbles
rociada *f*
spray
rociadera *f*
sprinkler; watering can
rociar *v*
sprinkle, to; spray, to
rocío *m*
dew
- punto *m* de rocío = dew point
rocío *m* **de sol; rosoli** *m*; **drosera** *f*
[Drosera rotundifolia]
sundew; round-leaved sundew
rocío *m*; **escarcha** *f*; **aptenia** *f*
[Aptenia cordifolia]
aptenia; red aptenia; baby sun rose
rodenticida *m*
rodenticide; rat poison
rodillo *m*; **rulo** *m*
garden roller; lawn roller
- rodillo manual = hand garden roller
rodrigar *v*
stake, to; prop up, to (eg vines)
rodrigazón *f*
staking
rodrigón *m*
stake; prop; support; beanpole
rodrigón *m*
stake; prop (plant support); vine-prop
roedor *m*
rodent
romero *m*
[Rosmarinus officinalis]
rosemary
roña *f*
1 scab (on fruit); 2 pine bark
roña *f* **del manzano**
apple scab

roña *f* **de la patata**   {LA: **roña de la papa**}
potato blight; potato scab
rosa *f*
[Rosa]
rose (flower)
rosa *f* **de Jericó; rosa de Damasco; rosa turca**
[Rosa damascena]
damask rose
rosa *f* **de mayo; hibisco** *m*
[Hibiscus mutabilis]
rose cotton; cotton rose; confederate rose
rosa *f* **roja, rosa de Castilla; rosal** *m* **castellano**
[Rosa gallica]
gallic rose, French rose, red rose
rosa *f* **trepadora; rosal** *m* **trepador**
rambler rose
rosal *m*
rosebush; rose tree
rosal *m* **antiguo**
old-fashion rose
rosal *m* **arbustivo**
rosebush; bush rose
rosal *m* **de pie alto**
standard rose
rosal *m* **llorón**
weeping rose
rosal *m* **paisaje**
landscaping rose; ground-covering rose
rosal *m* **polyantha; rosa** *m* **polyantha; rosal moderno**
polyantha rose; shrub rose
rosal *m* **silvestre**
dog-rose; wild rose
rosal *m* **trepador**
[Rosa]

rosaleda
rambler rose
rosaleda *f*, {SC,Mex: rosedal m}
rose garden; rose-bed
rosedal *m*
rose bed; rose garden
roseta *f*
rose (of hose or watering can)
rotación *f* **de cultivos**
rotation of crops
roturación *f*
breaking up; ploughing
roturadora *f*
rotovator ®
roturar *v*
break up, to; plough, to
• roturar con una roturadora = to rotovate or rototill
roya *f*
rust; blight (rose, cereal)
• roya foliar = leaf rust
roza *f*, **artiga** *f*, **descuaje** *m*
grubbing or clearing of land; cleared land
rubia *f*, **garanza** *f*
[Rubia tinctorum]
madder
ruda *f*
[Ruta graveolens]
rue
rudbeckia *f*
[Rudbeckia]
coneflower
rudbeckia *f*
[Rudbeckia fulgida]
black-eyed Susan
rueda *f*
wheel
ruibarbo *m*
[Rheum hybridum], [Rheum officinale]
rhubarb

rusco *m*; **acebillo**
[Ruscus aculeatus]
butcher's broom
ruselia *f*, **planta** *f* **coral; lluvia** *f* **de coral**
[Russelia equisetiformis]
coral plant

S

sabina *f* **negra; sabina suave**
[Juniperus phoenicea]
Phoenician juniper; Arabian juniper
sacabotas *m*; **descalzador** *m*
boot-jack
sacar *v* **el maximo partido**
maximize, to
sacar *v* **las malas hierbas**
weed, to
saco *m*
bag; sack; sackful
• saco recogedor = collector sack / box of lawnmower
saco *m* **para cultivar; boisa** *f* **de cultivo**
growbag
sagitaria *f*
[Sagittaria sagittifolia]
arrow head
sagú *m*
sago palm
saguaro *m*; **sahuaro** *m*
[Carnegiea gigantea]
giant saguaro
salamandra *f*
salamander
salicaria *f*
[Lythrum salicaria]
purple loosestrife
salinidad *f*

salinity; saltiness
salsifi *m*; **barba** *f* **cabruna**
[Tragopogon pratensis]
salsify; meadow goat's beard
saltamontes *m*
grasshopper
salvia *f* **farinacea**
[Salvia farinacea]
mealycup sage
salvia *f* **piña**
[Salvia elegans]
pineapple sage; scarlet pineapple
salvia *f* **real**
[Saivia officinalis]
garden sage
sámara *f*
samara; winged seed (eg of elm, ash)
sándalo *m*
[Santalium album]
sandalwood
sandía *f*
watermelon plant; watermelon
sanseviera *f*; **lengua** *f* **de tigre; rabo** *m* **de tigre; lengua de suegra**
[Sansevieria trifasciata]
snake plant; mother-in-law's tongue
santolina *f*
[Santolina chamaecyparissus]
lavender cotton, gray santolina
sapo *m*
toad
saponaria *f*; **jabonera** *f*
[Saponaria officinalis]
soapwort
sarmiento *m*
vine shoot; vine stock
sarna *f*
scab (on fruit)

• sarna del peral = pear scab
sarna *f* **negra de la patata; sarna verrugosa; {LA: verruga** *f* **de la papa}**
wart disease (of potatoes); black scab
sáuce *m*
[Salix]
willow
sauce *m* **blanco; sauce plateado**
[Salix alba]
white willow; silver willow
sauce *m* **frágil; mimbrera** *f*; **bardaguera** *f*
[Salix fragilis]
willow; crack willow
sauce *m* **llorón; sauce** *m* **pendulo**
[Salix babylonica]
weeping willow
sauce *m* **púrpura; sauce** *m* **rubión; sauce verguera**
[Salix purpurea]
purple willow; purple osier
saúco *m* **negro; canillero** *m*
[Sambucus nigra]
black elder
saúco *m* **rojo**
[Sambucus racemosa]
red-berried elder; poison elder
sauzgatillo *m*; **árbol** *m* **casto**
[Vitex agnus castus]
chaste tree; vitex; monk's pepper
savia *f*
sap
secadora *f*
dryer; drier
secar *v*
dry, to; dry up, to
seco,-ca *adj*
dry; dead; dried (leaves)
segador *m*; **segadora** *f*

segadora
reaper; harvester (person)
segadora f
harvester (machine)
segadora f **de césped**
mower; lawnmower
segadora-atodora f
binder (machine)
segadora-trilladora f
combine harvester
segar v **(con guadaña); guadañar** v
scythe, to; mow, to; cut, to
sello m **de Salomón; poligonato** m
[Polygonatum officinale]
Solomon's seal
sembrado m
sown field
sembrador m**; sembradora** f
sower (person)
sembradora f
seeder (machine); sower (machine)
sembradora f **de mano**
seeder; hand seeder
sembradora f **mecánica**
seed drill
sembrar v
sow, to; seed, to
• sembrar un campo de cebada = to seed a field with barley
semilla f
seed
• semillas de girasol = sunflower seeds
semilla f **de gramíneas; semilla de césped**
grass seed; lawn seed
semilla f **de mostaza**
mustard seed
semillas fpl **de hortalizas**
vegetable seed

sin semillas fpl**; sin pepitas**
seedless
semillero m
seed-bed; nursery; hotbed
sen m**; sena** f**; casia** f
[Cassia]
senna
señalar v
mark, to; fix, to
senda f**; sendero** m
path; garden path
senecio articulatus
[Senecio articulatus]
candle plant
sépalo m
sepal
separar v
separate, to; divide, to; sort, to
septoriosis f **del peral**
leaf fleck of pears; ashy leaf spot of pears
septoriosis f **del trigo; seca** f **de les hojas del trigo** {LA; **mancha** f **de la gluma del trigo**}
glume blotch of wheat; node canker of wheat
sequia f
drought
serba f
serviceberry; whitebeam berry (fruit)
serbal m **común ; serbal domestico; sorba** f
[Sorbus domestica]
service tree
serbal m **silvestre; serbal de cazador**
[Sorbus aucuparia]
mountain ash; rowan tree
serpollo m **(see also brote)**
shoot; sucker

serradella *f*
[Lotus corniculatus]
birdsfoot trefoil
serrar *v* **{LA: serruchar *v*}**
saw, to; saw up, to; saw off, to
serrucho *m*; **sierra** *f*
wood saw; handsaw; saw
serrucho *m* **de poda**
pruning saw; pruning handsaw
serrucho *m* **plegable**
folding pruning saw
serrucho *m* **telescópico**
pole saw
seta *f*
mushroom; toadstool (poisonous)
seto *m*
hedge; fence; wall
seto *m* **vivo**
hedge
siega *f*
reaping; cutting; mowing; harvesting; harvest time
siega *f* **del heno; henificación** *f*
haymaking
siega *f*; **corte** *m*
mowing (of hay); cutting; reaping
siembra *f*; **sementera** *f*
sowing; seeding; sowing season
• patata de siembra = seed potato
siempreverde *adj* **(see also perennifolio,-lia)**
evergreen
siempreviva *f*
[Sedum]
stonecrop
siempreviva *f* **de arañas; siempreviva de telarañas**
[Sempervivum arachnoideum]
cobweb houseleek (succulent)
sierra *f*
saw

solano

sierra *f* **de arco**
bow saw; log saw; bucksaw
sierra *f* **de cadena (see also motosierra)**
chainsaw
sierra *f* **de mango largo (see also serrucho telescópico)**
pole saw
sierra *f* **de pértiga (see also serrucho telescópico)**
pole saw
sierra *f* **de podar**
pruning saw
sierra *f* **para metales; arco** *m* **de sierra**
hacksaw
silla *f*
chair
• silla de tijera = folding chair
silla *f* **de jardin**
garden chair
silla *f* **de jardin, plegable**
folding garden chair
silvicultura *f*
forestry; silviculture
sin espinas *adj*; **falto de espinas** *adj*
thornless
sistema *m* **de riego**
irrigation system
sistémico *adj*
systemic
sobremaduro *adj*; **pasado** *adj*
overripe
soja *f*
[Glycine max]
soybean
sol *m*
sun; sunshine; sunlight
solano *m*; **falso jazmin** *m*; **parra** *f* **de la patata**
[Solanum jasminoides]

solano negro
potato vine
solano *m* **negro; hierba** *f* **mora**
[Solanum nigrum]
black nightshade
soleado,-da *adj*
sunny
soleirolia *f*; **madre** *f* **de mil ;**
lágrimas *fpl* **de ángel**
[Soleirolia soleirolii], [Helxine soleirolii]
baby tears; mother of thousands
sombra *f*
shade; shadow
 • a la sombre = in the shade
soplador-aspirador *m*
blow-vac; leaf blower
sorgo *m*; **zahina** *f*
sorghum; Indian millet
soto *m*
grove; copse; thicket
sotobosque *m*
undergrowth
streptosolen *m*
[Streptosolen jamesonii]
marmalade bush
subir *v*
climb, to; go up, to; raise, to
subsolado *m*
subsoiling; subsoil tillage
substrato *m*
substrate; substratum; plant compost
substrato *m* **universal**
general compost for plants
subsuelo *m*
subsoil
suculenta *f*; **planta** *f* **suculenta**
succulent (plant)
suelo *m*
ground; soil; land; surface
 • suelo superficial = topsoil
 • suelo vegetal = topsoil
 • suelo basico / alcalino = basic / alkaline soil
 • suelo neutro = neutral soil(pH=7)
suelo *m* **ácido**
acid soil
suelo *m* **arenoso**
sandy soil
suelo *m* **calcáreo**
chalk(y) soil
suelo *m* **encharcado**
waterlogged ground
suelo *m* **ligero**
light soil
suelo *m*, **preparación del**
soil preparation; ground preparation
suelo *m* **pesado**
heavy soil
sujetar *v*; **asegurar** *v*
fix, to; fasten, to; secure, to
sulfato *m* **amónico/ de amonio**
ammonium sulphate;
sulfato *m* **ferroso; sulfato de hierro**
iron sulphate; iron sulfate
sulfato *m* **potásico**
potassium sulphate
superficie *f* **dedicada a fruticultura o frutícola**
area under fruit; orchard area
superfosfato *m* **cálcico**
superphosphate of lime; calcium superphosphate
surcar *v*
furrow, to; plough (through), to
surco *m*
furrow; drill; groove
Susana *f* **de los ojos negros; ojo** *m* **de poeta; tunbergia** *f*
[Thunbergia alata]

black-eyed Susan
sustrato *m*
supporting soil; substrate; substratum
sustrato *m* **de cultivo**
garden mould

T

tabaco *m*; **tabaco de montaña**
[Nicotiana tabacum]
tobacco plant
tábano *m*
horsefly
clavel de moro; damasquina *f*
[Tagetes patula]
French marigold
tala *f*
felling (eg a tree); cutting
taladrar *v*
drill, to (hole)
taladro *m* **de troncos y ramas**
tree borer; tree driller
talar *v*
cut down,to; fell,to (tree)
tallo *m*
stem (of plant); stalk; blade (eg of grass)
tallo *m* **(LA)**
cabbage
• tallos = vegetables, greens
talud *m*
slope; bank; talus
tamarindo *m*
[Tamarindus indica]
tamarind tree
tamarisco *m*; **tamariz** *m*
[Tamarix gallica]
tamarisk; tamarix; French tamarisk

tamarisco *m*; **tamariz** *m*; **tamariz de primavera**
[Tamarix tetrandra]
tamarisk
tamiz *m*
sieve
tanaceto *m*
[Tanacetum parthenium]
feverfew; tansy
tanino *m*
tannin
tapar *v*
cover, to; screen, to; block, to
tardio *adj*
late (eg potato)
tártago mayor; lechetrezna macho; lechterna
[Euphorbia characias]
Mediterranean spurge
té *m* **verde; té chino**
[Camellia sinensis], [Thea sinensis]
tea plant, green tea
• té negro = black tea
técnica *f* **de monte bajo**
coppicing
tecoma *f* **amarilla; esperanza** *f*
{Tecoma stans]
yellow trumpetbush; yellow elder; yellow bells
tecoma *f* **del cabo; bignonia** *f* **del cabo**
[Tecomaria capensis]
Cape honeysuckle
tegumento *m*
tegument; seed coat
tejo *m*
[Taxus baccata]
yew tree; yew wood
tejón *m*
badger

tela metálica

tela *f* **metálica; malla** *f* **metálica**
{RPI: **tejido** *m* **metalico**;
Col: **anjeo** *m*}
wire netting; wire mesh; wire fencing
telaraña *f*; **tela** *f* **de araña**
spider's web; cobweb
telefio *m*; **sedum** *m* **de otoño;
pata** *f* **de conejo; sedo** *m* **brillante**
[Sedum spectabile]
ice plant; showy stonecrop
tormenta *f* ; **tempestad** *f*
storm
temporal *m*
storm
temprano *adj*
early (eg potato, crop)
tensiómetro *m*
tensiometer
tentredina *f*; **mosca** *f* **de sierra**
saw-fly
tepe *m*
turf (single); sod; clod
• colocar tepes en = to turf
termita *m* (see also **hormiga blanca**)
termite
termómetro *m*
thermometer
terraza *f*
terrace; balcony
terreno *m*; **and** *adj*
land; plot or parcel of land; ground; soil
terreno *m* **de brezal**
heath soil; heath mould; peat
terreno *m* **pedregoso**
stony ground
tetón (see also **tocón**)
stub (eg of a branch)

teucrio *m*; **olivilla** *f*; **olivillo** *m*;
salvia *f* **amarga**
[Teucrium fruticans]
germander, bush germander; olive-leaved germander; tree germander
textura *f*
texture
textura *f* **del suelo**
soil texture
tiempo *m*
weather; time
tierra *f*
earth; soil; dirt; land; ground
• montón de tierra = mound or pile of earth
tierra *f* **alcalina**
alkaline ground; alkaline soil
tierra *f* **caliza; tierra** *f* **calcárea**
chalk soil; limy soil
tierra *f* **de brezo**
peat
tierra *f* **de cultivo; tierra de labor;
tierra de labranza**
arable land; farmland; agricultural land
tierra *f* **turbosa**
peaty soil
tierra *f* **horticola**
horticultoral compost
tierra *f* **Mediterránea**
compost for Mediterranean type plants
tierra *f* **negra**
loam; topsoil
tierra *f* **para bulbos**
bulb compost
tierra *f* **para plantaciones de árboles y arbustos**
mould or compost for planting trees and shrubs

tierra *f* **para semilleros**
seedbed mould or compost
tierra *f* **vegetal**
soil; topsoil
tierra *f* **yerma**
uncultivated ground; wasteland
tiesto *m*
plant holder; flowerpot
tiesto *m*; **casco** *m*
pot shard
tigre *m* **del peral; {LA: chinche** *f* **de encaje}**
pear tingis; pear lace bug
tijera *f* **dos manos telescópico**
telescopic secateurs/ pruner
tijeras *fpl* **de chapodar**
pruning loppers
tijeras *fpl* **de extension (see also podadora telescópica)**
extendable pruner
tijeras *fpl* **de jardinero (see also tijeras para setos vivos)**
hedge shears; garden shears
tijeras *fpl* **de poda manuales**
hand pruning shears; secateurs
tijeras *fpl* **de podar; tijera poda**
secateurs; pruner
• tijera inox poda = stainless steel secateurs
• tijeras de podar extensibles = extendable pruners
tijeras *fpl* **de una mano (see also tijeras de podar)**
secateurs
tijeras *f* **para podar setos**
shears, garden; hedge clippers
tijeras *fpl* **para setos vivos**
hedge shears
tijeras *fpl* **podadoras**
secateurs
tijereta *f*
1 earwig; 2 wine tendril
tilo *m* **de hojas grandes ; tilo europeo**
[Tilia platyphyllos]
large-leaved lime/linden; broad-leaved lime
tilo *m* **de hojas pequeñas; tilo silvestre**
[Tilia cordata]
small-leaved lime/linden
tina *f* **para agua**
water butt
tipo *m* **de suelo**
type of soil
tipula *f*
cranefly; daddy-long-legs
tizón *m*
blight
• tizón de la hoja = leaf blight
tizón de la patata (papa); añubio *m* **de la patata (papa); tizón tardio de la patata (papa)**
[Phytophthora infestans]
potato blight; late potato blight (fungus disease)
tizón *m* **de los frutales; añublo** *m* **quemador del manzano**
[Erwinia amylovora]
fire blight
tocón *m*
stump; tree stump; stub
tojo *m*
[Ulex europaeus]
gorse; furze
tolla *f*
bog; moss-covered bog; marsh
tolva *f* **de simiente; cajón** *m* **sembrador**
hopper; seed hopper
tomate *m*; **tomatera; {Mex: jitomate}**

tomillo

[Lycopersicum esculentum];
[Solanum lycopersicum]
tomato
tomillo *m*
[Thymus vulgaris]
thyme
topo *m* **europeo**
[Talpa europea]
mole
tormentila *f;* **siete** *m* **en rama**
[Potentilla erecta]
tormentil
toronja *f* **(see also pomelo)**
grapefruit; pomelo
toronjil *m*
[Melissa officinalis]
lemon balm
torrencial *adj*
torrential (eg rain)
trabajar *v* **con motocultor;**
roturar *v*
rotovate, to
trabajar *v* **en el jardin**
garden, to; do gardening, to
trabajo *m* **del suelo**
tilling; ploughing soil (arable land)
tractor *m*
tractor
tractor *m* **cortacésped**
tractor-driven lawnmower; sit-on lawnmower
trampa *f*
trap; snare
transplantador *m* **plastico**
trowel, plastic
trasplantadora *f* **mecánica**
tree spade (mechanical); planter
trasplantar *v* **a la intemperie**
bed out,to; prick out,to; transplant,to (seedlings)
trasplantar *v*

prick out, to (seedlings); bed out, to (plants); transplant, to
trasplante *m*
transplant; transplanting
trasplante *m*; **repicado** *m*; **picado** *m*
pricking out; planting out; bedding out; transplanting
trébol *m*
clover
trepador,-dora *adj*
climbing; rambling (eg rose)
trepadora *f*
climber
trepar *v*
climb, to (eg by a plant, a tree)
trienal *adj*
triennial
trigal *m*
wheat field
trigo *m*; **trigo candeal**
[Triticum aestivum]
wheat; durum wheat
tritoma *f;* **tritomo** *m* **rojo**
[Kniphofia rooperi]
red-hot poker; torch lily
trituradora *f*
shredder (machine); crusher
trituradora de tocones
stump grinder
triturar *v*
shred, to; pulverize, to
trollius *m*
[Troillus europaeus]
globeflower
trompeta *f* **china trepadora;**
[Campsis grandiflora]
Chinese trumpet creeper
tronca *f* **(see tocón)**
stump; truncation
tronco *m* **(see also fuste; tallo)**
trunk (of tree)

trozar *v* **en lo alto**
chog, to; to cut tree trunk into small manageable pieces
trufa *f*
[Tuber brumale]
truffle
trujal *m*
oil-press; wine-press; oil-mill
tsuga *f* **del Canada; falso abeto** *m* **del Canada; tsuga del este**
[Tsuga canadensis]
hemlock; Canada hemlock; eastern hemlock
tubérculo *m*
tuber; tubercle
tuberización *f*
formation of tubers
tuberoso,-sa *adj*
tuberous
tubo *m* **plástico**
pipe, plastic
tulbaghia *f*
[Tulbaghia violacea]
society garlic
tulipán *m*
tulip
tulipero *m* ; **tulipifero** *m* **americano; tulipanero** *m*
[Liriodendron tulipifera]
tulip tree
tumbona *f*
sun lounger; garden lounger; deck chair
tumbona con ruedas
sun lounger, with wheels
túnel *m* **de plastico**
cloche, tunnel
turba *f*
peat; turf
tutor *m*
stake; prop

tutorar *v*; **entutorar** *v*; **rodrigar** *v*
stake , to
tuya *f* **occidental; árbol** *m* **de la vida**
[Thuja occidentalis]
cedar; Eastern white cedar; American arbor-vitae
tuya *f* **oriental; biota** *f*; **árbol** *m* **de la vida**
[Thuja orientalis]
thuja; Chinese thuja; Chinese arbor-vitae; biota

U

úlcera *f* **(see also cancro)**
canker; rot
ulmaria *f*; **reina** *f* **de los prados; hierba** *f* **de las abejas**
[Filipendula ulmaria], [Spiraea ulmaria]
meadowsweet
umbelífero,-a *adj*
umbellate;weeping; hanging
undershrub *m*
undershrub
unión *f* **del injerto**
graft union
usar *v*
use, to; make use of, to
útiles *mpl* **de jardineria**
garden(ing) tools
uva *f*
grape
• uva blanca = green grape; white grape
• uva negra = black grape
• uva crespa = gooseberry
• uva espina = gooseberry
• uva moscatel = muscatel grape

uva de mesa

uva *f* de mesa
[Vitis vinifera 'Purpurea']
vine; ornamental vine; vitis; purpleleaf grapevine
uva *f* de vinificación; uva vinificable
wine grape
uva *f* temprana
early grape

V

vaciar *v*
empty, to; empty out, to; drain, to
vaina *f*
seed pod
vaina *f* de guisante; {LA: vaina *f* de arveja; vaina *f* de chicharo}
peapod
vainilla *f*; bejuqullo *m*; vainillero *m*
[Vanilla planifolia]
vanilla plant
valeriana *f*
[Valeriana officinalis]
valerian
valla *f*; vallado *m*
fence
• valladar = to fence in
valla *f* de tela metálica
chain-link fence
vallico *m* perenne; ballico *m* perenne; ray-grass *m* perenne; ray-grass *m* inglés
rye grass, common
vanesa *f*; almirante *m* rojo
[Vanessa atalanta]
admiral, red; red admiral

vara *f*
twig; rod
vara *f* de oro
[Solidago virgaurea]
goldenrod
variedad *f*
variety
• variedad resistente = resistant variety
variedad *f* de cepa
vine variety; grape variety; vine stock
vástago *m*
shoot
vegetal *m*; hortaliza *f*
vegetable
vendedor *m* o vendedora *f* de semillas
seed merchant
vendimia *f*
grape harvest; wine harvest; grape-harvesting
vendimiador *m*; vendimiadora *f*
grape picker; grape harvester
vendimiar *v*
gather grapes, to; pick grapes, to; harvest, to
ventana *f* de un vidrio
Dutch frame; Dutch light
ventilador *m* de césped
lawn aerator
ventilar *v*
aerate, to
verano *m*
summer
• en (el) verano = in (the) summer
verbena *f*
[Verbena officinalis]
vervaine; verbena
verde *adj*
unripe; not ripe; green

verdura *f*
vegetables (green); greenery; verdure
verduras *fpl* **de raiz; hortalizas** *fpl* **de raiz**
root vegetables
vereda *f*
path; narrow path
verja *f*; **cancela** *f*
gate (to garden)
vermicompostador *m*
wormery
• vermicompostaje = worm composting
vermiculita *f*
vermiculite
vermifugo *m*
vermifuge; anthelmintic
verónica
[Veronica officinalis]
speedwell; veronica
vibora *f*
adder; viper
viborera *f*; **buglosa** *f*
[Echium vulgare]
viper's bugloss
viburno *m*; **durillo** *m*; **laurentino** *m*; **barbadija** *f*
[Viburnum tinus]
viburnum
vid *f*
[Vitis vinifera]
vine; grape vine
vid *f* **de injerto**
grafted vine
viento *m*
wind; breeze
viña *f*
vineyard
• un terreno plantado de viñas = a field planted with vines

viñador *m*; **viñadora** *f*
winegrower; vineyard worker
viñatero *m*; **viñatera** *f*
vintner; wine merchant
vinca *f*
[Vinca major]
periwinkle, greater periwinkle
vincapervinca *f* **menor**
[Vinca minor]
lesser periwinkle
viñedo *m*
vineyard
viola *f* **riviniana**
[Viola riviniana]
dog violet; wood violet
violeta *f*; **pensamiento** *m*
[Viola wittrockliana]
pansy
violeta *f* **africana; saintpaulia** *f*
[Saintpaulia ionantha]
African violet
violeta *f* **común**
[Viola cucullata]
violet, pansy, marsh blue violet
violeta *f* **de los Alpes; ciclamen** *m*; **violeta de Persia;**
[Cyclamen persicum]
cyclamen; sowbread; Persian cyclamen
violeta *f* **palustris; violeta de agua**
[Hottonia palustris]
water violet
virus *m*
virus
virus *m* **del mosaico de las hojas**
leaf mosaic virus
vista *f*
view; panoramic view; appearance

viticola

viticola *adj*
vine-growing; viticultural; grape-growing
viticultor *m*; **viticultora** *f*
vine-grower; viticulturist
viticultura *f*; **cultivo** *m* **de la vid**
viticulture; viniculture; vine growing
vivaz *adj*
perennial
vivero *m*; **plantel** *m*; **criadero** *m*
nursery
vivero *m*; **centro** *m* **de jardineria**; **garden center** *m*
garden centre; plant nursery
vivero *m*
nursery (plants); tree nursery; seedbed
vivero *m* **para vides**
vine nursery
volquete *m*; **volqueta** *f*
dump truck; dumper truck; tipcart
volver *v*
turn over, to; dig over, to; come back, to; return, to

WXY

washingtonia *f*; **wachintona** *f*; **palmera** *f* **de abanicos**
[Washimgtonia filifera]
cotton palm; desert fan palm
xilema *m*
xylem
yambo *m*; **manzano** *m* **rosa**; **cirolero** *m* **de Malabar**
rose apple tree
yema *f*
1 bud (leaf); 2 yolk (of egg)

yermo *m*
wasteland
yeso *m*
gypsum
yezgo *m*
[Sambucus ebulus]
elder, dwarf
yuca *f*
[Yucca gloriosa]
yucca; Spanish dagger
yuca *f* **pie de elefante**; **yuca fina**; **izote**; **yuca gigante**
[Yucca elephantipes]
spineless giant yucca
yuca pinchuda; **yuca** *f* **pinchona**; **bayoneta** *f* **española**
[Yucca aloifolia]
Spanish bayonet
zamia *f*, **arrurruz de Florida**
[zamia furfuracea]
zamia; cardboard fern
zanahoria *f*
[Daucus carotus]
carrot
zanja *f*
ditch; trench; drainage channel
zapapico *m*
pickaxe
zapatilla *f* **de dama**; **zueco** *m* **de dama**
[Cypripedium calceolus]
lady's slipper orchid
zarcillo *m*
tendril
zarza *f*
[Rubus fruticosus]
bramble; blackberry bush
 • zarzamora *f* = bramble bush; blackberry
zarzamora *f*
[Rubus fruticosus]

zumaque
blackberry (fruit); bramble; blackberry bush
zarzaparrilla *f*; **zarza morisca**
[Smilax aspera]
sarsaparilla
zebrina péndula; tradescantia
[Tradescantia zebrina], [Zebrina pendula]
spiderwort
zinnia *f*
[Zinnia]
zinnia
zona *f* **de raices**
root zone; root area
zorro *m*; **zorra** *f*
fox; vixen
zorzal *m*
thrush
zumaque *m*; **sumaque** *m*
[Rhus glabra]
sumac, smooth sumac, sumach

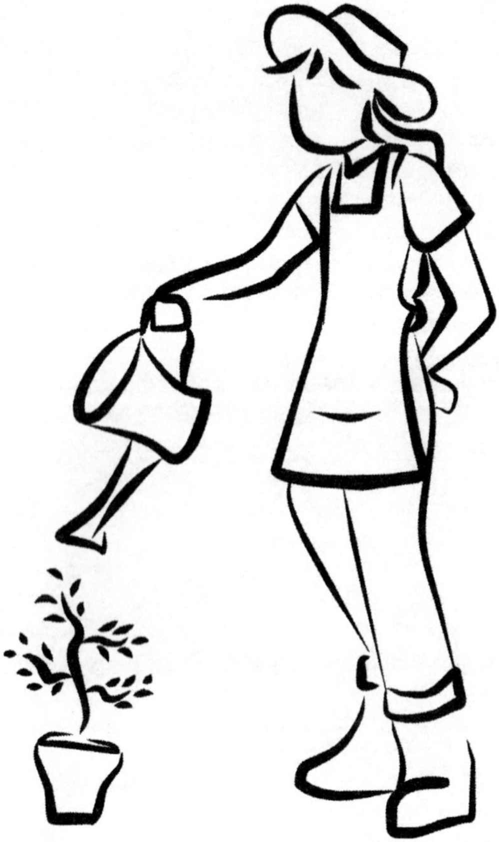

ENGLISH-SPANISH

A

abelia
[Abelia floribunda]
abelia *f*
abiotic
abiótico,-ca *adj*
ABS (acrylonitrile,butadiene,styrene copolymer)(plastic)
ABS (acrilonitrilobutadienostireno)
abscisic acid (ABA)
ácido *m* abscísico (ABA)
acaricide
acaricida *m*
acarid; mite; spider mite
ácaro *m*
acclimatization; acclimation
aclimatación *f*
acid
ácido *m*
acid; acidic; sharp; sour (eg fruit)
ácido,-da *adj*
acidity; sourness
acidez *f*
acid soil
suelo *m* ácido
acorn
bellota *f*

actinidia; kiwi plant; Chinese gooseberry
[Actinidia chinensis],[Actinidia deliciosa]
kiwi *m*
add, to
añadir *v*
adder; viper
vibora *f*
admiral, red
[Vanessa atalanta]
vanesa *f*, almirante *m* rojo
admiral, southern white
[Limenitis reducta]
ninfa *f* de arroyos
adventitious root
raiz *f* adventicia
adventitious shoot
brote *m* adventicio
adze
azuela *f*
aeonium
[Aeonium]
aeonium *m*; aeonio *m*
aerate, to
airear *v*; ventilar *v*
aeration
aireación *f*
• aireacion del suelo = soil aeration
aerator for compost
aireador *m* de compost
aerator; lawn aerator
aereador *m* ; aireador de césped

aerial root
raiz f aérea
African daisy; arctotis
[Arctotis stoechadifolia]
arctotis
African violet
[Saintpaulia ionantha]
violeta f africana; saintpaulia f
agapanthus; African lily
[Agapanthus africanus]
agapanto m; lirio m africano; lor f del amor
agaric
agárico m
agave attenuata; swan's neck agave
[Agave attenuata]
ágave f atenuado; ágave del dragón; cuello m de cisne
agave; American aloe; century plant
[agave americana]
ágave f
aggregate; concrete block
agregado m
agrochemical
agroquimico m; agroquimico, -ca adj
agrostis; bent grass
[Agrostis stolonifera]
agrostis; agróstide estolonifera
alchemilla; lady's mantle; common lady's mantle; dewcup
[Alchemilla vulgaris]
pata f de leon; pie m de leon; alquimila f
alder buckthorn; glossy buckthorn
[Rhamnus frangula]
arraclán m; frangula f
alder, common/European/black
[Alnus glutinosa]
aliso m; aliso negro
alder, grey
[Alnus incana]
aliso m blanco; aliso gris
alder, Italian
[Alnus cordata]
aliso m napolitano; aliso italiano
alder, red
[Alnus rubra]
aliso m rojo
Algerian iris; Algerian winter iris; winter iris
[Iris unguicularis]
lirio m
Algerian mouse
[Mus spretus]
ratón m moruno
alkaline
alcalino,-na adj
alkaline ground; alkaline soil
tierra f alcalina
alkalinity
alcalinidad f
allotment
huerto m
alluvial
aluvial adj
almond (nut); kernel; stone
almendra f
almond tree
[Prunus amygdalus],[Prunus dolcis]
almendro m; almendrera f; almendro florido
aloe melanocantha
[Aloe melanocantha]
áloe m melanocantha
aloe vera
[Aloe vera]
áloe m vera; sábila f, zábila f

alpine aster
[Aster alpinus]
áster *m* alpino
alpine bartsia
[Bartsia alpina]
bartsia *f* alpina
Alpine laburnum
[Laburnam alpinum]
laburno *m* de la montaña; citiso *m* de la montaña
alpine plant; high-level growing plant
alpina *f*
Alpine swift
[Apus melba]
vencejo *m* real
aluminium
aluminio *m*
alyssum, sweet
[Lobularia maritima]
aliso *m* maritimo; canastillo *m* de plata; alisón *m*
amaranth; amaranthus; Prince's feather
[Amaranthus caudatus]
amaranto *m*; cola *f* de zorro; moco *m* de pavo
amaryllis; belladonna lily [Hippeastrum]
amarilis *f*; hipeastrun *m*
ambrosia; ragweed
[Ambrosia artemisiifolia]
ambrosia *f*
ammonium nitrate
nitrato *m* amónico
ammonium sulphate
sulfato *m* amónico/ de amonio
ampelography
ampelografia *f*
amphibian
anfibio *m*

analysis
análisis *m*
anaphalis; pearly everlasting
[Anaphalis margaritacea]
anaphalis *m*
anemone; windflower
[Anemone]
anémona *f*
angel's trumpet
[Brugmansia, datura candida]
floripondio *m*; trompetero *m*; arbol *m* de las trompetas
angelica
[Angelica archangelica]
angélica *f*, hierba *f* del espíritu santo
angelwing begonia
[Begonia coccinea]
begonia *f* de alas de ángel
animated oats; ornamental oats
[Avena sterilis]
avena *f* sterilis
annatto
[Bixa orellana]
achiote *m*
annual (compare biennial and perennial)
anual *adj*
annual ring; growth ring
anillo *m* anual (see also anillo de crecimiento)
ant
hormiga *f*
• hormiga roja = red ant
• hormiga blanca = white ant
ant bait; ant powder deterrent
cebo *m* para hormigas
ant killer
antihormigas *fpl and adj*
ant powder
anti-hormigas polvo *m*

ant nest; anthill
hormiguero *m*
ant, black ant
hormiga *f* negra
ant, red ant
hormiga *f* roja
anthracnose
antracnosis *f*
• antracnosis de la judia / del melón / del grosellero = anthracnose of bean / cucumber / currant
• antracnosis del ciruelo / cerezo / melocotonero = anthracnose of plum / cherry / peach
anthurium; flaming flower
[Anthurium scherzerianum]
anturio *m*
aphicide
aficida *m*
aphid; aphis; plant-louse
áfido *m*
aphids; greenfly
pulgón *m*; pulgones *mpl*
apple
manzana *f*
• manzanar *m* = apple orchard
apple capsid bug
chinche *f/m* verde; chinche del manzano
apple orchard; apple tree
manzanal *m*
apple tree (cultivated)
[Malus domestica]
manzano *m*
apple tree, wild, crab apple tree
[Malus sylvestris]
manzano *m* silvestre
apricot (fruit)
albaricoque *m*
apricot tree
[Prunus armeniaca]
albaricoquero *m*
aptenia; red apple groundcover
[Aptenia]
aptenia *f*
aptenia; red aptenia; baby sun rose
[Aptenia cordifolia]
rocio *m*; escarcha *f*; aptenia *f*
aquifer; phreatic stratum; water table
capa *f* freática
arabis; wall cress
[Arabis caucasica]
arabis *m*; arábide
arable
arable *adj*; cultivable *adj*
• tierras *fpl* de cultivo = arable land
arable farm
granja *f* agricola
arable land; farmland; agricultural land
tierra *f* de cultivo; tierra de labor; tierra de labranza
arboriculture
arboricultura *f*
arborist
arboricultor *m*; arboricultora *f*
arborist; tree surgeon
arbolista *m and f*
architectural plant
planta *f* arquitectónica
area under fruit; orchard area
superficie *f* dedicada a fruticultura o fruticola
armeria; thrift; sea pink
[Armeria maritima]
armeria *f*; césped *m* de España; gazón de España
arnica, lamb's skin
[Arnica montana]

árnica f
aromatic (plant)
aromática f
arrow bamboo; metake
[Pseudosasa japonica]
metake m; pseudosasa m japonica
arrow head
[Sagittaria sagittifolia]
sagitaria f
artichoke, globe
[Cynara scolymus]
alcachofa f, alcaucil m
artichoke, Jerusalem
[Helianthus tuberosus]
aguaturma f, pataca f, tupinambo m; alcachofa f de Jerusalén
arum lily; common calla
[Zantedeschia aethiopica]
cala f, lirio m de agua; alcatraz, m cartucho m
ash
fresno m
ash, flowering; manna ash
[Fraxinus ornus]
fresno m de flor; orno m; fresno m del maná
ash; European ash
[Fraxinus excelsior]
fresno m común; fresno grande; fresno europeo; fresno de vizcaya
Asiatic lily
[Lilium asiatic]
lilium m asiático blanco
asparagus
[Asparagus officinalis]
espárrago m
- asparagus plant = esparraguera f
- asparagus spear = espárrago m
- asparagus tip = punta f de espárrago
asparagus beetle

criocero m del espárrago
aspen
[Populus tremula]
álamo m temblón
aspidistra; cast-iron plant
[Aspidistra elatior]
aspidistra f, hojas fpl de salon; hoja f de lata; hojalata f
aster
[Aster]
áster m; reina f margarita; maya
aster amellus; Italian aster
[Aster amellus]
áster m, septiembre
astericus
[Asteriscus maritime]
astericus m
aubergine; eggplant
[Solanum melongena]
berenjena f
aucuba japonica; gold-dust plant; Japanese laurel
[Aucuba japonica]
aucuba f, laurel m manchado
autumn
otoño m
- en (el) otoño = in (the) autumn
autumnal
otoñal adj
available water
agua f disponible
avocado
[Persea gratissima], *[Persea americana]*
aguacate m {Bol, Per, SC: palta f}
avocado (pear); avocado pear tree
[Persea americana], *[Persea gratissima]*
aguacate m

axe

axe; hatchet
hacha *f*
axe, felling
hacha *f* de tumba; hacha *f* de monte
axe, to; hew, to; cut down, to
hachear *v*
axillary shoot
brote *m* axilar
azalea
[Azalea japonica]
azalea *f*
azalea; yellow azalea; honeysuckle azalea
[Rhododendron luteum]
azalea *f* amarilla

B

baby's tears; mother of thousands
[Soleirolia soleirolii], [Helxine soleirolii]
soleirolia *f*, madre *f* de mil; lágrimas *fpl* de ángel
bacteria
bacteria *f*, bacterias *fpl*
badger
tejón *m*
bag; sack
bolsa *f*
• bolsa de (la) basura = garbage bag; rubbish bag; trash bag
• bolsa de cultivo = growbag
bag; sack; sackful
saco *m*
• saco recogedor = collector sack / box of lawnmower
ball cactus
[Parodia]

parodia *f*
balsam (plant)
[Impatiens balsamina]
alegria *f* de casa; impatiens; balsamina *f*
balsam apple
[Momordica balsamina]
balsamina *f*
balsam fir; Gilead fir
[Abies balsamea]
abeto *m* balsámico; abeto de bálsamo; pino *m* del Canada
bamboo
[Bambusa]
bambú *m*
banana (fruit)
plátano *m*; banana *f*
banana plantation; banana tree
platanera *f*
banana tree
platanero *m*; banano *m*
bank (of river); border; edge
margen *f*
banyan tree; Bengal fig
[Ficus benghalensis]
baniano *m*; higuera *f* de Bengala; higuera indica
Barbary ground squirrel
[Alantoxerus getulus]
ardilla *f* moruna
barbecue
barbacoa *f*
barberry
[Berberis vulgaris]
agracejo *m* común; agrazon *m*; garbazon *m*; vinagrera *f*
bark (of tree)
corteza *f*
barley
[Hordeum distichon], [Hordeum vulgare]

cebada *f*
barn (for crops); granary
granero *m*
barn; hayloft
henil *m*; pajar *m*
barrel cactus
[Ferocactus]
cactus *m* de barril
basil, sweet; common basil
[Ocinum basilicum]
albahaca *f*
basket
capacho *m*
basket; shopping basket
cesta *f*, {LA: canasta *f* }
bay leaf, bay laurel
[Laurus nobilis]
laurel *m*; laurel de los poetas; laurel de Apolo; laurel salsero
• hoja *f* de laurel = bay leaf
bead tree; Persian lilac
[Melia azedarach]
cinamomo *m*; melia *f*; arbol *m* santo
bean, broad bean
[Vicia faba]
haba *f*, habas *fpl* verdes
bean; common bean
[Phaseolus vulgaris]
habichuela *f*, judía *f* verde {Mex: ejote *m*}
bear grass
[Dasylirion]
dasilirion *m*
bear's breeches
[Acanthus mollis]
acanto *m*; oreja *f* gigante; yerba *f* carderona
bed (cultivated); patch; plot; terrace
bancal *m*

bed out, to; prick out, to; transplant, to (seedlings)
trasplantar *v* a la intemperie
bed; cold frame; glass frame; layer
cama *f*
bed; river bed; layer; stratum
lecho *m*
• lecho de flores = flowerbed
bee moth; greater wax moth; honeycomb moth
[Galleria mellonella]
falsa tiña *f* de las abejas; polilla *f* de las abejas
bee sting
picadura *f* de abeja
bee-eater, European
[Merops apiaster]
abejaruco *m* común
bee-keeper
apicultor *m*; apicultora *f*
bee-keeping
apicultura *f*
bee; honey bee
abeja *f*
• abeja reina = queen bee
• abeja machiega = queen bee
beech, American
[Fagus ferruginea]
haya *f* americana
beech, European
[Fagus sylvatica]
haya *f*
beechnut; beechmast
hayuco *m*
beehive
colmena *f*
beetle
escarabajo *m*
beetle, click

beetroot

elatérido *m*; elátero del trigo;
cocuyo *m*
beetroot
[Beta vulgaris]
remolacha *f*, remolacha roja; {Mex:
betabel *m*; Chi: betarraga *f*}
**begin to grow, to; sprout, to;
strike, to (eg cutting)**
echar *v*
begonia
[Begonia]
begonia *f*
begonia rex
[Begonia rex]
begonia *f* rex; begonia de hoja
belladona; deadly nightshade
[Atropa belladonna]
belladona *f*
bergamot
[Monarda]
bergamota *f*
bergenia
[Bergenia x schmidtii]
bergenia *f*
berry
baya *f*
• baya de acebo = holly berry
besom; large broom
escobón *m*
**betony; hedge nettle;
woundwort**
[Stachys officinalis]
betónica *f*, hierba betónica; hierba *f* feridura
biannual (appearing twce a year)
bianual *m* and *adj*
biennial (every two years)
bienal *adj*
biennial (plant) (second year flowering)
bienal *f* and *adj*
bifurcation
bifurcación *f*
bilberry; blueberry
[Vaccinium myrtillus]
arándano *m*; arandanera *f*
billhook
navaja *f* jardinera
billhook; pruning knife
podón *m*
binder (machine)
segadora-atodora *f*
bindweed; convolvulus
[Convolvulus arvensis]
correhuela *f* menor; correguela *f* silvestre; convólvulo *m*
biological control
control *m* biológico
**birch, downy; European birch;
pubescent birch**
[Betula pubescens]
abedul *m* pubescente ; abedul europeo
birch; silver birch; European birch
[Betula pendula], *[Betula alba]*
abedul *m* europeo; abedul plateado
bird
ave *f*
• ave de rapiña = bird of prey
• ave de corral = chicken; fowl
bird
pájaro *m*
• pájaro carpintero = woodpecker
bird's nest fern
[Asplenium nidus]
helecho *m* nido; nido *m* de ave
bird-of-paradise flower
[Strelitzia reginae]
flor ave *f* del paraiso; estrelitzia *f*

bird-of-paradise, giant
[Strelitzia nicolai]
estrelitzia *f* gigante; ave *f* del paraiso gigante
bird-of-paradise; yellow bird-of-paradise; poinciana
[Caesalpinia gilliesii]
poinciana *f*, ave *f* del paraiso; caesalpinia *f*
birdsfoot trefoil
[Lotus corniculatus]
serradella *f*
bishop's cap; bishop's mitre
[Astrophytum myriostygma]
astrophytum myriostygma
black aphid; blackfly
pulgón *m* negro
black nightshade
[Solanum nigrum]
solano *m*; hierba *f* mora; solano negro
black radish; winter radish
[Raphanus sativus var. niger]
rábano *m* negro
black spot (eg on roses)
mancha *f* negra
black-eyed Susan
[Rudbeckia fulgida]
rudbeckia *f*
black-eyed Susan vine
[Thunbergia alata]
Susana *f* de los ojos negros; ojo *m* de poeta; tunbergia *f*
blackberry (fruit); bramble; blackberry bush
[Rubus fruticosus]
zarzamora *f*
blackberry (fruit); mulberry (fruit)
mora *f*
blackcurrant bush

[Ribes nigrum]
grosellero *m* negro; casis *f* de negro
blackfly
mosca *f* negra
blackthorn; sloe
endrino *m*
bladder cherry; Chinese lantern
[Physalis alkekengi]
alquequenje *m*; farolillo *m* chino; capuli
bladder senna
[Colutea arborescens]
colutea *f*, espantalobos *m*; garbancillo *m*
blade (eg of a tool); knife
cuchilla *f*
blade (eg of cutting tool); penknife
navaja *f* (see also cuchilla)
bleach, to (eg by sun); to blanch
blanquear *v*
blended fertilizer
fertilizante *m* complejo
blight
tizón *m*
blight; mildew
añublo *m*
block; slab of rock
bloque *m*
• bloque de piedra = stone block
blood flower; scarlet milkweed
[Asclepias curassavica]
flor *f* de sangre; platanillo *m*; asclepias *m*
blooming; in flower; thriving
floreciente *adj*
blow-vac; leaf blowers
soplador-aspirador *m*
blower; vacuum cleaner
aspiradora *f*

blowfly

blowfly; bluebottle
moscarda *f*
blue cupidone; cupid's dart
[Catananche caerulea]
hierba *f* cupido; flecha *f* de cupido
blue flag iris; purple water flag
[Iris versicolor]
iris *m* azul
blue flag; blue iris; flag lily; harlequin blueflag
[Iris veriscolor]
lirio *m* azul
1 bluebottle; blowfly; botfly; 2 hornet
moscardón *m*
bluff lettuce; live for ever
[Dudleya farinosa]
dudleya *f*
bluish-green;l glaucous
glauco,-ca *adj*
bog
buhedal *m*
bog rosemary
[Andromeda polifolia]
andrómeda *f*
bog; moss-covered bog; marsh
tolla *f*
boggy ground
aguazal *m*
boggy; muddy
cenagoso,-sa *adj*
boldo
[Peumus boldus]
boldo *m*
bole (of tree); trunk
fuste *m*
bolt, to; go to seed, to
producir *v* flores y semillas antes de tiempo; florecer *v*; echar *v* mucha hierba; echar flores
bonemeal
harina *f* de huesos
bonfire
hoguera *f*
bonsai
bonsai *m*
bonsai ; miniature tree
árbol *m* enano
boot-jack
sacabotas *m*; descalzador *m*
boots (PVC)
botas *fpl* PVC
boots, rubber
botas *fpl* de goma
borage
[Borago officinalis]
borraja *f*
Bordeaux mixture
pasta *f* bordelesa; caldo *m* bordelés
border; herbaceous border
arriate *m*; [SC: canterro *m* de plantas perenne]
border; edge; flower-bed; path
arriata *f*, arriate *m* (see also parterre *m*)
borer
barrenillo *m*
botrytis; grey mould; fruit grey mould
botritis *m*; podredumbre *f* gris; moho *m* gris
bottle
botella *f*
bottlebrush
[Callistemon]
callistemon *m*; árbol *m* del cepillo
bow saw; log saw; bucksaw
sierra *f* de arco
bower vine
[Pandorea jasminoides]
bignonia *f* blanca; pandora

box tree; common box; European boxwood; Turkey boxwood
[Buxus sempervirens]
boj *m*; boj común; boje *m*; turco boj
box, flower
cajón *m* para flores
box, seed; seed tray
caja *f* de simientes
box, to; heel in, to (eg seedlings)
encajonar *v*
box, window
jardinera *f* de ventana
box; case
caja *f*
bract
bráctea *f*
bramble; blackberry bush
[Rubus fruticosus]
zarza *f*
• zarzamora *f* = bramble bush; blackberry
branch (of tree)
rama *f*
branch; bough; bunch; bouquet
ramo *m*
• ramo de flores = bunch of flowers
branches
ramaje *m*
Brazil nut
nuez *f* de Brasil; nuez *f* de Pará
Brazilian flame vine; flame flower; golden shower
[Pyrostegia venusta]
enredadera *f* de llamas; trompetero *m* naranja
bread plant
[Philodendron scandens]
filodendro *m*; filodendro *m*; filodendro de hoja acorazonada

break up, to; plough, to
roturar *v*
• roturar con una roturadora = to rotovate or rototill
breaking up; ploughing
roturación *f*
bridge
puente *m*
broadleaf tree; hardwood tree
arbol *m* de hoja ancha (see also latifoliado)
broadleaf; hardwood
latifoliado,-da *adj*
broccoli; sprouting broccoli
[Brassica oleracea var italica]
brécol *m*; brócoli *m* ; bróculi *m*;
broom
[Cytisus scoparius]
retama *f*; retama negra ; escobon; hiniesta *f*
broom; besom
escoba *f*
broom; genista
[Genista]
genista *f*
brown rot
pudrición *f* parda
brush, to; plane, to (wood)
cepillar *v*
Brussels sprout(s)
[Brassica oleracea var. gemmifera]
col *f* de Bruselas; coles *fpl* de Bruselas; repollo de Bruselas
bucket; pail (canvas or leather))
balde *m*
• un balde de agua = a bucket(ful) of water
bucket; pail; tub
cubo *m*
• un cubo de agua = a bucket(ful) of water

buckthorn

• cubo lieno = bucketful
buckthorn; common buckthorn
[Rhamnus cathartica]
cambrón *m*, cervispina *f*, espino *m* cerval,
bud
botón *m*
• las rosas están en botón = the roses are in bud
bud (for grafting)
escudete *m*
• injertar de escudete = shield-grafting
1 bud, leaf; 2 yolk (of egg)
yema *f*
bud (of flower); cocoon (insect)
capullo *m*
bud; shoot
brote *m*; brota *f*
• tener brotes = to be in bud
• echar brotes = to come into bud
buddleia; butterfly bush
[Buddleia davidii]
budleya *f*, budleia *f*
bugle, common; carpenter's herb; bugleweed; carpetweed; ajuga
[Ajuga reptans]
consuelda *f* media; búgula *f*, ajuga *f*
bugloss, alkanet
[Anchusa azurea]
anchusa *f*, chupamieles *m*; lengua *f* de buey; argámula *f*
build, to; construct, to
construir *v*
bulb (eg daffodil, tulip)
bulbo *m*
bulb compost
tierra *f* para bulbos
bulb dibber
plantador *m* de bulbos

bulb; corm
bulbo *m*
bulrush, lesser bulrush; small reed mace; narrow-leaf cattail
[Typha angustifolia]
espadaña *f* pequeña
bulrush; cattail; false bulrush; reed-mace
[Typha latifolia]
espadaña *f*, totora *f*
bulrush; seaside bulrush
[Scirpus maritimus}
junco *m* marino; juncia *f* marina
bumble bee; cockchafer
abejorro *m*
• abejarrón *m* = bumble bee
bunny ears
[Opuntia microdasys]
alas de ángel; orejas de conejo; nopal cegador
bur marigold; apache beggarticks
[Bidens ferulifolia]
bidens *f*, verbena *f* amarilla
burdock, great
[Arctium lappa]
lampazo *m* (mayor)
burn, to; set on fire, to; scald, to
quemar *v*
bury, to
enterrar *v*
bush; shrub; plant; sprig; clump (of roots)
mata *f*
• matas = shrubbery
butcher's broom
[Ruscus aculeatus]
rusco *m*; acebillo
buttercup
[Ranunculus]
ranúnculo *m*

buttercup tree
bola *f* de toro
buttercup; kingcup; pot marigold (see *Calendula officinalis*)
botón *m* de oro
butterfly
mariposa *f*
butterly flower; poor man's orchid
[Schizanthus pinnatus]
mariposita *f* (blanca)
buy, to
comprar *v*

C

cabbage
[Brassica oleracea]
col *f*; repollo *m*; berza *f*
cabbage white butterfly
mariposa *f* de la col
cabbage, ornamental
[Brassica oleracea var.]
col *f* de jardin; col ornamental
cactus
cactus *m*; cacto *m*
calathea; pin-stripe plant; maranta
[Calathea ornata]
calatea *f*, galatea *f*
calcium
calcio *m*
calendar; list; schedule; timetable
calendario *m*
 • calendario lunar = lunar calendar
Californian lilac; ceanothus
[Ceanothus]
ceanothus *m*

candle plant

[Cochlospermum vitifolium]
calla lily, golden; golden arum lily
[Zantedeschia elliottiana]
alcatraz *m* amarillo
callus
callo *m*
calyx
cáliz *m*
camellia, Japanese
[Camellia japonica]
camelia *f*
camphor tree
[Cinnamomum camphora], *[Laurus camphora]*
árbol *m* de alcanfor; alcanforero *m*
Canadian waterweed; oxygenating pondweed
[Elodea canadensis]
elodea *f* canadensis
canal; channel
canal *m*
 • canal de drenaje = drainage channel;
 • canal de riego = irrigation channel
 • canal de desagüe = drain
canary grass
[Phalaris canariensis]
alpiste *m*; alpistera *f*
Canary Islands date palm
[Phoenix canariensis]
palmera *f* canaria; palma *f* canaria; fénix *m*
candelabra aloe
[Aloe arborescens]
áloe *m* candelabro; candelabros *mpl*; áloe arborescente; planta *f* pulpo
candle plant
[Senecio articulatus]

candytuft

senecio articulatus
candytuft
[Iberis sempervirens]
carraspique; cestillo de plata
cane (eg from bamboo)
caña *f*
canker
cancro *m*
canker; rot
úlcera *f* (see also cancro)
canna lily
[Canna]
caña *f* de las indias
canna; Indian shot
[Canna indica]
caña de las Indias; caña india; platanillo de Cuba
cannabis (plant); hemp (plant)
[Cannabis sativa]
cáñamo *m* común ;cáñamo indico; cannabis *m*
Canterbury hoe; potato hook
laya *f* bidente o tridente
Cape honeysuckle
[Tecomaria capensis]
tecoma *f* del cabo; bignonia *f* del cabo
Cape marguerite; trailing African daisy; shrubby daisybush
[Osteospermum fruticosum], [Dimorphoteca fruticosa]
margarita *f* del Cabo; dimorfoteca *f*
cape primrose
[Streptocarpus rexii]
estreptocarpo *m*
capsicum; sweet pepper; paprika
[Capsicum annum]
pimentón *m*; paprika *f*, pimiento *m*
• pimentón dulce = paprika
capsid bug, common green

[Lygus pabulinus]
chinche *f* del manzano
caraway
[Carum carvi]
alcaravea *f*, carvia *f*, comino *m* de prado
• carvis *mpl* = caraway seeds
carbon dioxide
anhidrido *m* carbónico; dióxido de carbono
carline thistle; alpine thistle
[Carlina acaulis]
carlina *f* angélica
carnation
[Dianthus]
clavel *m*
carob tree ; bean tree; St John's bread tree; locust tree
[Ceratonia siliqua]
algarrobo *m* europeo
carrot
[Daucus carotus]
zanahoria *f*
cascade, to
caer *v* en cascada
cashew nut tree
[Anacardium occidentale]
cajú *m* brasileño
castor oil plant
[Ricinus communis]
ricino *m*
cat
gato *m*; gata *f*
catalpa; cigar tree; Indian bean tree
[Catalpa bignonioides]
catalpa *f*
caterpillar
oruga *f*
• oruga procesionaria = processionary caterpillar

catkin
candelilla f ; amento m
cattleya; corsage orchid
[Cattleya]
cattleya f, catleya; lirio m de mayo;
lirio de San Juán; sanjuan m
cauliflower
[Brassica oleracea var. botrytis cauliflora]
coliflor f, col f de flor
cavity
cavidad f
cedar of Lebanon; Lebanese cedar
[Cedrus libani]
cedro m del Libano; cedro de Salomón
cedar; Eastern white cedar; American arbor-vitae
[Thuja occidentalis]
tuya f occidental; árbol m de la vida
celandine; greater celandine
[Chelidonium majus]
celidonia f, celidonia mayor
celandine; lesser celandine
[Ranunculus ficaria]
celidonia f menor
celeriac
[Apium graveolens var.rapaceum]
apio m nabo; apio-nabo m; apio m rábano
celery; smallage; small parsley
[Apium graveolens var. dulce]
apio m
cell
célula f
centaury, European centaury
[Centaurium umbellatum]
centaura f menor;centaurea f menor
centipede

ciempiés m inv
century plant
[Agave americana]
agave f americana; pita f, alcivara f
cep (edible mushroom)
[Boletus edulis]
calabaza f (seta f comestible); cepe m de Burdeos
cereus
[Cereus]
cereus m; céreo m; cirio m; acacana f, tunila f
chain-link fence
valla f de tela metálica
chainsaw
sierra f de cadena (see also motosierra)
chainsaw; power saw
motosierra f
• motosierra batteria /electrica /gasolina = battery operated/ electrical/ petrol engine chainsaw
chair
silla f
• silla de tijera = folding chair
• silla de jardin = garden chair
chalk
creta f, caliza f
chalk soil; limy soil
tierra f caliza; tierra f calcárea
chalk(y) soil
suelo m calcáreo
chamois
gamuza f, gamusa
chamomile, common; roman chamomile; camomile
[Chamaemelum nobile]
manzanilla f, camomila f
change, to; exchange, to
cambiar v

chaste tree

chaste tree; vitex; monk's pepper
[Vitex agnus castus]
sauzgatillo *m*; árbol *m* casto
chelate
quelato *m*
• quelato de hierro = iron chelate
chemical fertilizer
fertilizante *m* quimico; fertilizante *m* artificial
cherry (fruit)
cereza *f*
• cereza silvestre = wild cherry
• guinda = black cherry
• flor de cerezo = cherry blossom
cherry laurel
[Prunus laurocerasus],
[Laurocerasus officinalis]
laurel *m* cerezo; lauroceraso; laurel real; lauro *m*
cherry orchard
cerezal *m*
cherry tree
[Prunus]
cerezo *m*
• cereza *f* = cherry (fruit)
• flor *f* de cerezo = cherry blossom
cherry, black (tree)
[Prunus serotina]
cerezo *m* negro; capulin *m*
chervil
[Anthriscus cerefolium]
perifollo *m*; cerefolio *m*
chestnut tree, Spanish chestnut tree, sweet chestnut tree
[Castanea sativa]
castaño *m*
chick-pea
garbanzo *m*
chicken farm
granja *f* de pollos

chicken farm; poultry farm
granja *f* avicola
chickweed
[Stellaria media]
pamplina *f*, álsine *f* media , hierba *f* de los canarios
Chilean jasmine; mandevilla
[Mandevilla laxa]
dipladenia *f*, jazmin *m* chileno; mandevilla
chin cactus
[Gymnocalycium]
gymnocalycium *m*; gimnocalicio *m*
Chinese fan palm; Chinese fountain palm
[Livistonia chinensis]
palmera *f* china de abanico; livistonia *f* de china
Chinese hibiscus
[Hibiscus rosa sinensis]
hibisco *m*; rosa *f* de la China; hibisco chino
Chinese lantern; Chinese bell flower; flowering maple
[Abutilon],[Abutilon hybridum]
abutilón *m*, farolito *m* japonés; linterna *f* china
Chinese trumpet creeper
[Campsis grandiflora]
trompeta *f* china trepadora;
Chinese wisteria
[Wisteria sinensis]
glicina *f*, glicinia *f*, flor *f* de la pluma
chipper; brush chipper
astilladora *f*
chippings
gravilla f
• gravilla suelta = loose chippings
chisel, wood
escoplo *m*; formón *m*
chives

climate

[*Allium schoenoprasum*]
cebollinos *mpl*; cebolletas *fpl*
chlorophyll
clorofila *f*
chlorosis
clorosis *f*, amarilleo *m*
chog, to ; to cut tree trunk into small manageable pieces
trozar *v* en lo alto
choose, to; select, to
elegir *v*
Christmas cactus
[*Schlumbergera*]
cactus *m* de navidad; cactus de acción de gracias; cactus de pascua
Christmas rose
[*Helleborus niger*]
eléboro *m*; rosa *f* de Navidad; rosa de Noel
chrysalis;chrysalid;instar
crisálida *f*
chrysanthemum
[*Chrysanthemum*]
crisantemo *m*
Chusan palm; windmill palm
[*Trachycarpus fortunei*]
palma *f* de jardin; palmito *m* elevado; palma de fortune
cicada
cigarra *f*
cigar flower; fire-cracker plant; cuphea
[*Cuphea ignea*]
cuphea *f*; planta *f* del cigarro; fosforito *m*
cineraria
[*Senecio hybridus*]
cineraria *f*
cinnamon
[*Cinnamomum zeylanicum*]

canela *f*, árbol *m* de la canela
cirrus, nightblooming
[*Selenicereus urbanianus*]
reina *f* de noche
citrus mealybug
[*Pseudococcus citri*], [*Planococcus citri*]
cochinilla *f* harinosa de los citrus; cochinilla *f* algodonosa
clay
arcilla *f*
clay; clayey
arcilloso *adj*
• tierra *f* arcillosa = clay soil;
clayey soil
• suelo *m* arcilloso = clay soil;
clayey soil
clayey; loamy; marly
gredoso *adj*
• suelo *m* gredoso = clayey soil; loamy soil
clean, to; cleanse, to; clear, to (eg vegetation)
limpiar *v*
clear, to; clear up, to; clean, to; prune, to; cut back, to
limpiar *v*
clearance; clearing
despeje *m*
clematis, old man's beard; traveller's joy
[*Clematis vitalba*]
clemátide *f*, hierba *f* de los mendigos
climate
clima *m*
climate, macro-
macroclima *m*
climate, mediterranean
clima *m* mediterráneo
climate, micro-

climate, nano-
microclima *m*
climate, nano-
nanoclima
climb, to (eg by a plant, a tree)
trepar *v*
climb. to; go up, to; raise, to
subir *v*
climber
trepadora *f*
climbing plant; climber
planta *f* trepadora
• rosal trepador = rambling rose
climbing plant; creeper
enredadera *f*
• enredadera de campo = bindweed
climbing; rambling (eg rose)
trepador,-dora *adj*
cloche
campana *f* de cristal; plástico para proteger plantas
cloche, tunnel
túnel *m* de plastico
clone
clon *m*
close, to; shut, to; turn off, to (tap)
cerrar *v*
clove
clavo *m* de olor; clavillo *m*
clove tree
clavero *m*
clover
trébol *m*
clump (eg of flowers, trees); flower bed; massif
macizo *m*
• macizo elevado = raised bed
• macizo de flores = clump of flowers; flower bed

cluster; bunch (eg carrots, grapes)
racimo *m*
cob of maize; corncob
mazorca *f* de maiz
cobweb houseleek
[Sempervivum arachnoideum]
siempreviva *f* de arañas; siempreviva de telarañas
cockroach
cucaracha *f*
cockscomb; fairy fountain
[Celosia cristata]
cresta *f* de gallo; celosia *f*
coconut palm
[Cocos nucifera]
cocotero *m*
cold
frío, fría *adj*
• región fría = cold region
coleus
[Coleus blumei]
cóleo *m*; cretona *f*
Colorado beetle
escarabajo *m* de Colorado; escarabajo de la patata {LA: escarabajo de la papa}
colours
color *m*; colores *mpl*
coltsfoot
[Tussilago farfara]
fárfara *f*, uña *f* de caballo
columbine; granny's bonnets
[Aquilegia vulgaris]
aguileña *f*, aquileña *f*, aquilegia *f*, columbina *f*
combine harvester
cosechadora *f*, segadora-trilladora *f*
comfrey
[Symphytum officinale / officinalis]
consuelda *f*

common helleborine
[Epipactis helleborine]
heleborina *f*
common land; uncultivated land; fallow land
baldio *m*; baldio,-dia *adj*
common sorrel; dock
[Rumex acetosa]
acedera *f*
common toadflax
[Linaria vulgaris]
linaria *f*
common wallflower; Aegean wallflower
[Erysimum cheiri], [Cheiranthus cheiri]
alheli *m* amarillo
companion plant
planta *f* beneficiosa acompañante
complete fertiliser
fertilizante *m* completo
compost
compost *m*
compost for Mediterranean type plants
tierra *f* Mediterránea
compost heap
monton *m* de abono vegetal ; pila *f* de compostaje
compost pile
montón *m* de mantillo
composter
compostador *m*
composting; compost
compostaje *m*
cone
cono *m*
coneflower
[Rudbeckia]
rudbeckia *f*
conifer

conifera *f*
coniferous
conifero *adj*
connect, to; connect up, to
conectar *v*
container; bin; skip
contenedor *m*
continuous-flow irrigation
riego *m* continuo
coppicing
técnica *f* de monte bajo
copse; coppice; grove; small wood
bosquecillo *m*
copse; small wood
bosquete *m*
coral bells
[Heuchera sanguinea]
heuchera *f*, coralito *m*; flor *f* de coral
coral plant
[Russelia equisetiformis]
ruselia *f*, planta *f* coral; lluvia *f* de coral
coral tree
[Erythrina crista-galli]
ceibo *m*; arbol *m* del coral; flor *f* de coral
coriander
[Coriandrum stativum]
cilantro *m*; coriandro *m*; culantro *m*
cork tree; cork oak
[Quercus suber]
alcornoque *m*
corm
cormo *m*
corn plant; fragrant dracaena
[Dracaena fragrans]
drácena *f*, tronco *m* del Brasil
Cornelian cherry (dogwood)
[Cornus mas]

cornflower

cornejo *m* macho; cornejo de Cornelia
cornflower
[Centaurea cyanus]
aciano *m*
Corsican pine
[Pinus nigra maritime], [Pinus nigra laricio]
pino *m* negro de Córcega
cosmos
[Cosmos bipinnatus]
cosmos *m*
cotoneaster; Khasia berry
[Cotoneaster simonsii]
guillomo *m*; cotonéaster
cotoneaster; wall-spray
[Cotoneaster horizontalis]
cotoneaster *f*, griñolera *f*, guillomo *m*
cotton palm; desert fan palm
[Washimgtonia filifera]
washingtonia *f*, wachintona *f*, palmera *f* de abanicos
cotton thistle; Scotch thistle
[Onopordum acanthium]
cardo *m* borriquero
cotyledon
[Cotyledon orbiculata]
cotiledón *m*
couch grass, quack grass
[Agropyron repens]
grama *f*, grama oficinal
countryside; landscape; area of cultivated land
campiña *f*
courgette; zuchini; vegetable marrow
[Cucurbita pepo]
calabacin *m*   {Mex: calabacita *f*}
• calabacita = baby marrow
cover, to; cover over, to; cover up, to
cubrir *v*
cover, to; screen, to; block, to
tapar *v*
cover crop
cultivo *m* de cobertura
cowslip
[Primula veris]
primula *f*, vellorita *f*, primavera *f*
cranefly; daddy-longlegs
tipula *f*
cranesbill, Balkan; bigroot geranium
[Geranium macrorhizum]
geranio *m* balcánico
cranesbill; geranium
[Geranium mexicanum]
geranio *m*   {Mex: malvón *m*}
crape myrtle
[Lagerstroemia indica]
arbol de Jupiter; lila de las indias
create, to; establish, to; set up, to
crear *v*
creeper; dlimbing plant; bindweed
enredadera *f*
creepy-crawly; bug
bicho *m*
cress; garden cress
[Lepidium sativum]
mastuerzo *m*; cardamina *f*
cress; watercress
berro *m* de agua; berro de fuente; berro
1 cricket (insect); 2 shoot; sprout (eg of plant)
grillo *m*
crocus, meadow saffron; autumn crocus
[Colchicum autumnale]
cólquico *m*; cólquico de otoño

crocus; saffron crocus
[*Crocus sativus*]
azafrán *m*; flor *f* de azafrán
1 crop; 2 cultivation; growing
cultivo *m*
crop duster (aircraft)
fumigador *m* (aéreo)
crop duster (person, machine); fumigator
fumigador *m*; fumigadora *f*
crop dusting
fumigado *m* (pp of fumigar)
crop spraying ; crop dusting
fumigación *f* de cultivos
crop; cultivation
cultivo *m* (see also cosecha)
• rotación de cultivos = rotation of crops
cross-pollination (plants)
polinización *f* cruzada
croton, variegated
[*Codiaeum variegatum*]
croto *m*; croton *m*; crotos; croto variegado
crow; carrion crow
corneja *f*
• corneja calva = rook
• corneja negra = carrion crow
crown (of tree); top
copa *f*
crown cactus
[*Rebutia*]
rebutia *f*
crown grafting; bark grafting
injerto *m* de corona
crown imperial
[*Fritillaria imperialis*]
fritalaria *f*; corona *f* imperial
crown of thorns
[*Euphorbia milii*]

corona *f* de espinas; espinas *fpl* de Cristo; corona de Cristo
crown vetch
[*Coronilla varia*]
coronilla *f*
crumble, to (eg soil)
desmenuzar *v*
cubeb pepper
[*Piper cubeba*]
pimienta *f* de cubeba
cucumber
[*Cucumis sativus*]
pepino *m*
culivate, to; grub, to
escarifiar *v*; trabajar con cultivadora
cultivar
cultivar *m*; variedad *f* obtenida por selección
cultivate, to; farm, to; grow, to
cultivar *v*
cultivated (eg land, plant, variety)
cultivado *adj*
1 cultivation; growing; 2 crop
cultivo *m*
• estar en cultivo = to be under cultivation
cultivator, motorised
motoazada *f*, motocultor *m*; retovato *m*
• motoazada gasolina = motorised cultivator, (petrol)
• motoazada eléctrica = motorised cultivator, (electric)
cultivator; small hand cultivator
cultivador *m* de mano
cup of gold; golden chalice tree; chalice vine
[*Solandra maxima*]

curled endive

copa *f* de oro; solandra *f*, copa dorada; trompetas *fpl*
curled endive; curly endive
[Cichorium endivia]
endivia *f*, endibia *f*, escarola *f*
curry plant
[Helichrysum angustifolium],
[Helichrysum italicum]
curry *m*
custard apple (fruit)
chirimoya *f*
custard apple tree; cherimoya
[Annona cherimola]
chirimoya *f*, chirimoyo *m*
cut back, to; cut out, to; trim, to
recortar *v*
cut down, to; fell, to (tree)
talar *v*
cut flower
flor *f* cortada
cut, to; cut off, to; cut down, to (eg tree); separate, to; divide, to
cortar *v*
 • cortar el césped = to cut or mow the lawn
cut-back, to; lop, to; prune, to
chapodar *v*; recepar *v*
cut; cutting
corte *m*
cutting back: lopping
recepado *m*
1 cutting; stake; 2 post
estaca *f*
cutting; scion
esqueje *m*
cutworm
gusano *m* gris; gusano cortador; gusano de tierra
 • noctuido *m* ypsilon = black cutworm

 • cucumilla *f* negra = black cutworm
cyclamen
[Cyclamen]
ciclamen *m*; ciclamino *m*
cyclamen; sowbread; Persian cyclamen
[Cyclamen persicum]
violeta *f* de los Alpes; ciclamen *m*; violeta de Persia;
cypress Italian; Mediterranean cyprus; funeral cypress
[Cupressus sempervirens]
ciprés *m* común;
cypress, Italian ; common cypress
[Cupressus siemprevirens]
ciprés *m* commún
cypress, Leyland cypress
[Cupressocyparis leylandii]
Leylandi *m*; Leilandi; ciprés *m* de Leyland
cypress; Arizona cypress; smooth cypress
[Cupressus arizonica],[Cupressus glabra]
ciprés *m* de Arizona; ciprés azul; ciprés blanco
cypress; Lawson cypress; false cypress
[Chamaecyparis lawsoniana]
ciprés *m* de Lawson; cedro *m* blanco; cedro de Oregón

D

daffodil; narcissus
[Narcissus]
narciso *m*
 • narciso atrompetado = daffodil

decide

• narciso trompón = daffodil
dahlia
[Dahlia]
dalia *f*
daisy
[Argyranthemum gracile]
margarita *f*
daisy bush
[Olearia]
olearia *f*
daisy, blue; blue marguerite
[Felicia amelloides]
agatea *f*; felicia *f*; margarita *f* azul
daisy; common daisy; lawn daisy; English daisy
[Bellis perennis]
margarita *f* de los prados; bellorita *f*; margarita menor; chirivita *f*
damask rose
[Rosa damascena]
rosa *f* de Jericó; rosa de Damasco; rosa turca
damp; humid
humedo,-da *adj*
dampen, to; make wet, to; get wet, to
mojar *v*
dampen, to; moisten, to
humedecer *v*
damping off, (of seedlings)
caida *f* de almáciga; enfermedad *f* de los semilleros; podredumbre *f* de las plántulas
damselfly
caballito *m* del diablo
damson (fruit)
ciruela *f* damascena
damson tree
[Prunus insititia]
ciruelo *m* damasceno
  dandelion

[Taraxicum officinale]
diente *m* de león; amargón *m*
darnel
cizaña *f*
date palm
[Phoenix dactylifera]
palma *f* datilera; palmera *f* datilera; palmera *f* de dátiles; palma *f* común
date palm, dwarf; pygmy date palm
[Phoenix roebelenii]
palmera *f* enana; palmera pigmea; palma *f* fénix robelini
date palm; Senegal date palm
[Phoenix reclinata]
palmera *f* del Senegal; palma *f* del Senegal; datilera *f* fenana
day lily
[Hemerocallis]
hemerocalis *m*; lirio *m* de San Juan; azucena *f* turca
dead flower; withered flower; wilted bloom
flor *f* marchita
deadhead, to; lop off, to; pollard, to
descabezar *v*
deathwatch beetle; wood-borer
carcoma *f*
decay; decomposition
descomposición *f* (see also pudrición)
decay; rotting
pudrición *f*; pudrimiento *m*
• pudrición seca = dry rot
• resistente a la pudrición = rot resistant
decide, to
decidir *v*
deciduous

deciduous
caducifolio,-lia *adj* (see also caedizo, caduco, deciduo)
deciduous
deciduo,-a *adj* (see caducifolio)
deciduous
caedizo,-za *adj*
deciduous
caduco,-ca *adj*
deciduous tree
árbol *m* de hoja caduca
deep-rooted
arraigado,-da *adj*
deficiency
deficiencia *f*, carencia *f*
deficiency treatment
corrector *m* de carencia
defoliation
defoliación *f*
dehiscence
dehiscencia *f*
dehiscent
dehiscente *adj*
delphinium
delfinio *m*
design, to; plan, to; draw, to; sketch, to
diseñar *v*
develop, to; grow, to; reach maturity, to (eg plant)
desarrollarse *v*
devil's claw, grapple plant
[Harpagophytum procumbens]
harpagofito *m*, harpado *m*, garra *f* del diablo
dew
rocio *m*
• punto *m* de rocio = dew point
dibber; dibble; planter (person)
plantador *m*
die, to
morir *v*

dieback
acronecrosis *m* (see also muerte regresiva)
dig in, to; add to, to (soil)
añadir *v* al suelo
dig over, to; dig again, to
recavar *v*
dig up, to; uproot, to; eradicate, to
desarraigar *v*
dig, to; dig a hole, to; excavate, to; trench, to
excavar *v*
dig, to; hoe, to
cavar *v*
digger
excavadora *f* (machine); excavador *m*, excavadora *f* (person)
dill
[Anethum graveolens]
eneldo *m*
dilute, to; thin down, to; dissolve, to
diluir *v*
dirt; filth
mugre *f*
disbud, to
desyemar *v*; desbotonar *v*
disbudding
desyemado *m*; desbrote *m*
discoloured; soft; over-ripe (eg fruit); withered (eg flower)
pocho, pocha *adj*
disease; illness
enfermedad *f*
distill, to
destilar *v*
• agua destilada = distilled water
ditch, irrigation
acequia *f*
ditch; trench; drainage channel

dump truck

zanja *f*
diversity
diversidad *f*
divide, to; split, to; split up, to
dividir *v*
do, to; make, to; build, to
hacer *v*
dog (bitch)
perro *m*; perra *f*
dog violet; wood violet
[Viola riviniana]
viola *f* riviniana
dog-rose; wild rose
[Rosa canina]
rosal *m* silvestre; escaramujo *m*; zarzaperruna *f*,
dogwood
[Cornus sanguinea]
cornejo *m*
donkey-tail ; burro's tail
[Sedum morganianum]
cola *f* de borrego; cola de burro
dormancy
latencia *f*
dormancy (of plant)
reposo *m*
dormant
latente *adj*; aletargado;-da *adj*
dormouse
lirón *m*
dosage
dosificación *f*
downy mildew
mildeu *m* aterciopelado ; mildiu *m* aterciopelado
downy oak
[Quercus pubescens] [Quercus lanuginosa]
roble *m* pubescente
dragonfly
libélula *f*, caballito *m* del diablo

drain, to (land)
drenar *v*; avenar *v*
drainage; drain
drenaje *m*
• canal de drenaje = drainage channel;
dressing; addition of (eg manure)
abono *m*
dried flower collection; herbarium; herbal (adj)
herbario *m* and *adj*
drip, to; trickle, to
gotear *v*
drill, to (hole)
taladrar *v*
drizzle
llovizna *f*, (LA. garúa *f*)
drought
sequia *f*
dry rot
pudrición *f* seca
dry rot fungus
[Merulius lacrymans]
hongo *m* de la madera; pudrición *f* seca
dry, to; dry up, to
secar *v*
dry-stone wall
pared *f* seca
dry; dead; dried (leaves)
seco,-ca *adj*
dryer; drier
secadora f
dumb cane; leopard lily
[Dieffenbachia macalata], *[Dieffenbachia seguine]*
diefembaquia *f*
dump truck; dumper truck; tipcart
volquete *m*; volqueta *f*

dung beetle
escarabajo *m* pelotero
durmast oak; sessile oak
[Quercus petrae], [Quercus sessiliflora]
roble *m* albar; roble de invierno
duster
pulverizadora f
dusty miller; knapweed
[Centaurea cineraria]
cenizo *m*
Dutch barn; open-sided barn; shed
cobertizo *m*
Dutch elm
[Ulmus x Hollandica]
olmo *m* hibrido holandés
Dutch elm disease
grafiosis *f* del olmo
dwarf
enano,-na *adj*
dwarf bamboo; pygmy bamboo
[Pleioblastus pygmaeus]
pleioblastus pygmaeus *m*; bambú *m* enano
dwarf fan palm; European fan palm; palmetto
[Chamaerops humilis]
palmito *m*; margalló *m*; palmito europeo
dyke; dike
dique *m*

E

early (eg potato, crop)
temprano,-na *adj*
early fruit
fruta *f* temprana
early fruit; first fruits
primicias *fpl*
early grape
uva *f* temprana
earth up, to
aporcar *v*
• aporcador = earthing up rake or shovel
earth up, to
acollar *v*
• tomar caballon de tierra = to earth up
earth; soil; dirt; land; ground
tierra *f*
• montón de tierra = mound or pile of earth
earthing up
aporcado *m*; apocadura *f*
earthworm
lombriz *f* (de tierra)
1 earwig; 2 wine tendril
tijereta *f*
earwig
cortapicos *m*; cortapichas *m* (colloq)
eat, to
comer *v*
echeveria
[Echeveria elegans]
echeveria *f*, rosa *f* de alabastro; echevero *m*
ecological gardening
jardineria *f* ecológica
ecological insecticide
insecticida *m* ecológico
ecosystem
ecosistema *m*
edelweiss
[Leontopodium alpinum]
leontopodio *m*; edelweiss *m*
edging; kerb
bordillo *m*
edible prickly pear; Indian fig

evening primrose

[Opuntia ficus-indica]
nopal *m*; nopal blanco, palera *f*, tuna *f*, chumbera *f*, higo *m* de México; higo chumbo
eelworm; nematode
anguilulina *f*, anguilula *f*, nematodo *m*
eelworm; nematode; potato-root eelworm; beet eelworm
nemátodo *m*
eggs of queen bee; larva
cresa *f*
elder, black
[Sambucus nigra]
saúco *m* negro; canillero *m*
elder, dwarf
[Sambucus ebulus]
yezgo *m*
elder, red-berried; poison elder
[Sambucus racemosa]
saúco *m* rojo
elephant ear
[Caladium]
caladium *m*; caladio *m*; oreja *f* de elefante
elephant's ear
[Alocasia macrorrhiza]
alocasia *f*, oreja *f* de elefante
elm tree
[Ulmus]
olmo *m*
elm, English; nave elm
[Ulmus campestris], *[Ulmus procera]*
olmo *m* campestre
elm, Siberian
[Ulmus pumila]
olmo *m* de Siberia; olmo siberiano
elm, slippery American; red elm
[Uimus fulva],*[Ulmus rubra]*
olmo *m* rojo americano
elm, smooth-leaf
[Ulmus carpinifolia], *[Ulmus minor]*
olmo *m* común; alamo negro; negrillo
employ, to; use, to
emplear *v*
empty, to; empty out, to; drain, to
vaciar *v*
emulsify, to
emulsionar *v*; emulsificar *v*
endive; chicory
[Cichorium endivia]
endivia *f*, endibia *f*, escarola *f*, escarole *f*
enjoy (oneself), to
divertirse *v*
eradication (eg of pests)
erradicación *f*
espalier (plant); espalier (method); trellis
espaldera *f*
• hacer espaldera = to train trees in espalier shape (ie a planar shape)
essential oil
aceite *m* esencial
estate; farm; plantation
finca *f*
ethephon
etefón *m*
ethylene
etileno *m*
eucalyptus
[Eucalyptus globulus]
eucalipto *m*
European white waterlily; nenuphar
[Nymphaea alba]
nenúfar *m* blanco; rosa *f* de Venus
evening primrose
[Oenothera]

129

evergreen

onagra *f*, enotera *f*
evergreen
perennifolio,-lia *adj*;
siempreverde *adj*
evergreen buckthorn; Italian buckthorn
[Rhamnus alaternus]
aladierno *m*
evergreen tree
árbol *m* de hoja perenne
excavator; digger
excavadora *f*
excresence; outgrowth; wart
excrecencia *f*
exotic species
especie *f* exótica
extendable pruner
tijeras *fpl* de extension
extendable pruner; pole pruner
podadora *f* telescópica
extract of Neem (used as fungicide and insecticide)
extracto *m* natural de Neem
exudation
exudación *f*
exude, to; ooze, to
exudar *v*

F

fairy crassula; London pride
[Crassula multicava]
Crassula *f* multicava
fallen leaves; leaf litter
hojarasca *f*
fallow land; ploughed land ready for sowing
barbecho *m*
false acacia, locust tree
[Robinia pseudoacacia]

acacia *f* falsa; robinia *f*
false pepper tree
[Schinus molle]
pimentero *m* falso
farm wok; agricultural work
labores *fpl* agricolas; labores del campo
• labor = ploughing; farm work
farmer; farmworker
labrador *m*; labradora *f*
farmworker
labriego *m*; labriega *f*
fauna; wildlife
fauna *f*
feather grass
[Stipa pennata]
pelos *mpl* de bruga
feed, to
dar *v* de comer a
feed, to (eg plant)
alimentar *v*
fell, to; bring down, to
derribar *v*; talar
felling (eg a tree); cutting
tala *f*
felling (eg a tree); demolition
derribo *m*
• derribos *mpl* = rubble; debris
fence
valla *f*, vallado *m*
• valladar = to fence in
fence; encloosure; enclosed garden or orchard
cercado *m*
fence; wall; hedge
cerca *f*   {LA: cerco *m*}
• cerca de alambre = wire fence
• cerca de madera = wood fence
• cerca de piedra = stone wall
• cerca viva = hedge

130

fill

fennel
[Feoniculum officinale],
[Feoniculum vulgare]
hinojo *m*
fenugreek
[Trigonella foenumgraecum]
fenogreco *m*, alholva *f*
fern; bracken
helecho *m*
fern
[Nephrolepis exaltata]
nefrolepis *m*; helecho *m* espada; helecho rizado
fern, male
[Dryopteris filix-max], [Polypodium filixmax]
helecho *m* macho
fertiliser; fertilizer
fertilizante *m*; (see also abono *m*)
• fertilizante quimico = chemical fertilizer
• fertilizante organico = organic fertilizer
fertilize, to (eg field, soil, crop); to manure
fertlizar *v*
fertilize, to; dress, to (eg field, soil, crop); manure, to
abonar *v*
fertilize, to (eg field, soil, crop); manure, to
estercolar *v*
fertilize, to; pollinate, to
fecundar *v*
fertilized; manured
abonado,-da *adj*
fertilizer analysis
análisis *m* de fertilizante
fertilizer, universal (solid)
abono *m* sólido universal
fertilizer; manure; dressing

abono *m*
• abono foliar = foliar fertilizer
• abono granulato = granular fertilizer
• abono soluble = soluble fertilizer
fescue
[Festuca arundinacea]
festuca *f* falta; cañuela *f* alta; festuca arundinácea
feverfew
[Tanacetum parthenium],[Chrysanthemum parthenium]
tanaceto *m*; matricaria *f*; hierba *f* de Santa María; crisantemo *m* de jardin; hierba sarracena
field mouse; wood mouse
ratón *m* silvestre; ratón *m* de campo
field of crops; planting; bed; patch
plantio *m*
field-vole; meadow mouse
ratilla *f*
field; countryside
campo *m*
fig (fruit)
higo *m*;
fig tree
[Ficus carica]
higuera *f*
fig tree; weeping fig; Benjamin's fig
[Ficus benjamina]
ficus *m* benjamina; ficus benjamin; ficus de hoja pequena; matapalo *m*
fill up, to; top up, to; fill, to
llenar *v*
fill, to; fill in, to; refill, to; top up, to
rellenar *v*
filter, to

131

fir

filtrar *v*
fir; fir tree
[Abies]
abeto *m*
fir; Spanish fir
pinsapo *m*
fire blight
[Erwinia amylovora]
tizón *m* de los frutales; añublo *m* quemador del manzano
fire vine; coral gem
[Lotus maculates x bertheloti]
lotus *m* maculates; loto *m*
firefly
luciérnaga *f*; bicho *m* de luz;
firewood; sticks
leña *f*
fish farm
granja *f* marina
fishpole bamboo; golden bamboo
[Phyllostachys aurea]
bambú *m* dorado; bambú japonés
fix, to; fasten, to; secure, to
sujetar *v*; asegurar *v*
flagstone; floor tile
baldosa *f*
flagstone; paving stone
losa *f*, losa de piedra
flail-type cutters mower
cortacésped *m* tipo mayal
flaming Katy
[Kalanchoe blossfeldiana]
kalanchoe *m*; calanchoe; escarlata *f*
flamingo flower; anthurium
[Anthurium scherzerianum]
anturio *m*; capotillo *m*
flax, linseed oil plant
[Linum usitatissimum]
lino *m*
- linaza *f* = linseed; flax seed

flea
pulga *f*
flea beetle; altise
altisa *f*, pulguilla *f*
fleabane, Canadian; horse weed
[Erigeron canadense]
erigeron *m*, erigeron del Canada; hierba *f* de caballo
flood, to; inundate, to
inundar *v*
flood; flooding
inundación *f*
flora
flora *f*
- la flora y fauna = the flora and fauna
floral
floral *adj*
florist; flower shop
florista *f,m* (person); floristeria *f*, floreria *f* (flower shop)
floss flower; ageratum
[Ageratum]
agérato *m*
floss silk tree
[Chorisia speciosa]
chorisia *f*, arbol *m* botella; arbol de la lana
flower
flor *f*
flower arrangement
arreglo *m* floral; adorno *m* floral
flower bed; clump of flowers
macizo *m* de flores
flower bed; border; edge in garden; parterre
arriata *f*, arriate *m*; parterre *m*; cuadro *m*
flower forcing
cultivo *m* forzado de flores

flower garden; ornamental garden
huerto *m* ornamental; jardin *m* de adorno
flower grower
floricultor *m*; floricultora *f*
flower head; floret (of cauliflower); tip (of asparagus)
cabezuela *f*
flower show
exposición *f* de flores
flower, to
florar *v*; florear *v*
flower, to; bloom, to; blossom, to
florecer *v*
1 flower-pot; flower vase; tub; 2 mallet; small hammer 3 handle of a tool; 4 stick
maceta *f*
flower; blossom; bloom
flor *f*
• en flor = in flower
• florecillas silvestres = wild flowers
• flores *fpl* = blossom
flowering
floreciente *adj*; en flor
flowering
florecimiento *m*
flowering banana ; dwarf pink banana
[Musa ornata]
musa ornata *f*
flowering rush
[Butomus umbellatus]
junco *m* florido
flowering shrub
arbusto *m* floreciente
flowering; bloom; flowering period

floración *f*
flowerpot; pot
maceta *f*, tiesto *m*
fly
mosca *f*
flyswatter
matamoscas *m*
1 fog; 2 mildew
niebla *f*
folding pruning saw
serrucho *m* plegable
foliage; leaves
follaje *m*
foliar analysis; foliage analysis
análisis *m* foliar
foliation
foliación *f*
force, to
forzar *v*
forcing pot (for plants) (can be inverted flowerpot)
maceta *f* de forzadura; maceta de cultivo forzado
forest; woodland; woods
bosque *m*
forestry; silviculture
silvicultura *f*
forget-me-not
[Myosotis sylvatica]
nomeolvides *f*, miosota *f*, miosotis *f* de los campos; raspilla *f*
fork, winnowing; pitchfork; hayfork
bieldo *m*
fork; garden fork; hayfofk; pitchfork
horca *f*
fork; handfork; pitchfork
horquilla *f* de mano
formation of tubers
tuberización *f*

forsythia

forsythia
[Forsythia x intermedia]
forsitia *f*, campanita *f* china;
campanas doradas
fountain bamboo; blue fountain bamboo
[Fargesia nitida]
fargesia *f* nitida
fountain grass; African fountain grass
[Pennisetum setaceum]
plumacho *m*; rabo *m* de gato; plumero *m*
fountain; spring (of water); source (eg river)
fuente *f*
four oclock flower; marvel of Peru; flower of the night
[Mirabilis jalapa]
dondiego *m* de noche; bella *f* de noche; maravilla *f* del Peru
fox; vixen
zorro *m*; zorra *f* ; raposo *m*; raposa *f*
foxglove
dedalera *f*
foxglove
[Digitalis purpurea] ;[Digitalis lutea]
digital *f*, digital amarillo
• digital amarillo = yellow foxglove
foxtail lily; king's spear; desert candle
[Eremurus]
cola *f* de zorro; candelabro *m* del desierto
frame
cajonera *f*
frame, cold
cama *f* fria
frame, Dutch; Dutch light
ventana *f* de un vidrio
frame, forcing
cajonera *f* (para cultivo forzado)
frame, glazed; glass frame
cama *f*
frame, hot; heated frame
cama *f* caliente
frame, temperate
cajonera *f* templada
frangipani tree
[Plumeria rubra]
frangipani *m*; plumeria *f*
freesia
[Freesia]
fresia *f*, fresilla *f*
freeze, to; congeal, to
helar *v*; congelar *v*
freeze, to; freeze up, to; ice up, to
helarse *v*; congelarse *v*
freezing; frostbite
congelación *f*
French lavender
[Lavandula dentata]
espliego *m* de jardin; alhucema *f* rizada; alhucema dentada
French marigold
[Tagetes patula]
clavel *m* de moro; damasquina *f*
fresh water
agua *f* dulce
fringed water lily; water fringe
[Nymphoides peltata]
nenúfar *m* flecado; ninfoides; gencianas *fpl* acuáticas
frog
rana *f*
frond
fronda *f* (see also hoja)
frost
helada *f*
• helada blanca = hoar frost

garden chair, folding

- escarcha *f* = white frost; hoar frost; ground frost
- helada de madrugada = early-morning frost
- escarcha del aire = air frost

fruit
fruta *f*; fruto *m*
fruit and vegetable growing
hortofruticultura *f*
fruit crop
planta *f* frutal
fruit fly
mosca *f* de la fruta
fruit garden
jardin *m* frutero
fruit grower; fruit farmer
fruticultor *m*; productor *m* de frutas
fruit shrub
arbusto *m* frutal
fruit tree
árbol *m* frutal; frutal *m*
fruit, to; bear fruit, to; yield fruit, to
frutar *v*; dar *v* fruto
fruiting body
cuerpo *m* fructifero
frutescent; fruticose; shrubby
fruticoso,-osa *adj*
fuchsia thalia
[Fuchsia thalia]
fucsia *f*
fuchsia; lady's eardrops
[Fuchsia magellanica]
fucsia *f* {RPl: aljaba *f*}
Fuji cherry
[Prunus incisa]
cerezo *m* de flor
fumigate, to; dust, to; spray, to
fumigar *v*
fumigation; crop-dusting; crop-spraying

fumigación *f*
fungicide
fungicida *m*; also *adj*
fungus; mushroom
hongo *m*
funnel (pouring)
embudo *m*
furrow, to; plough (through), to
surcar *v*
furrow; drill; groove
surco *m*

G

gall oak; Portuguese oak
[Quercus faginea]
quejigo *m*; rebollo; roble *m* carrasqueño
gall; oak apple
agalla *f*
- agalla de roble = oak apple

gallic rose, French rose, red rose
[Rosa gallica]
rosa *f* roja, rosa de Castilla; rosal *m* castellano
garden
jardin *m*
garden, to; do gardening, to
trabajar *v* en el jardin
garden arch; pergola; arbor
enramada *f*
garden centre; plant nursery
vivero *m*; centro *m* de jardineria; garden center *m*
garden chair
silla *f* de jardin
garden chair, folding
silla *f* de jardin, plegable
garden frame

135

garden line

mini invernadano *m*
garden line
instrumento *m* para alinear el jardin
garden machinery
maquinaria *f* de jardin
garden mould
sustrato *m* de cultivo
garden rubbish
basura *f* del jardin
garden seat
banco *m* de jardin
garden trowel; transplanter
desplantador *m*
garden waste; garden refuse
desechos *mpl* de jardin
garden(ing) tools
útiles *mpl* de jardineria
garden, kitchen; market garden; orchard (fruit trees); vegetable garden
huerto *m*
gardener
jardinero *m*; jardinera *f*
gardener; market gardener; horticulturist
hortelano *m*; hortelana *f*
gardening
jardineria *f*
garlic
[Allium sativum]
ajo *m*
gate (to field)
portón *m*   {LA: tranquera *f* }
gate (to garden)
verja *f*, cancela *f*
gather grapes, to; pick grapes, to; harvest, to
vendimiar *v*
gather in the harvest, to; gather in the crops, to
recoger *v*; recolectar *v*

gauge
indicador *m*
 • indicador de temperatura = temperature gauge
 • pluviómetro = rain gauge
 • anemómetro = wind gauge
gazania; treasure flower
[Gazania splendens]
gazania *f*
general compost for plants
substrato *m* universal
gentian, yellow
[Gentiana lutea]
genciana *f*, genciana amarilla,
geranium
[Pelargonium]
geranio *m*   {Mex: malvón *m*}
geranium (lemon-scented)
[Pelargonium crispum]
geranio *m* de olor a limón; geranio limón
geranium moth
[Cacyreus marshalli]
mosca *f* africana; mariposa *f* africana; mariposa del geranio
geranium, ivy-leafed
[Pelargonium peltatum]
gitanilla *f*, geranio *m* de hiedra; geraneo hiedra
geranium, show; regal pelargonium; pansy flowered geranium
[Pelargonium x domesticum]
geranio pensamiento *m*; geranio *m* real; malvón *m* pensamiento
germander, bush germander; olive-leaved germander; tree germander
[Teucrium fruticans]
teucrio *m*; olivilla *f*, olivillo *m*; salvia *f* amarga

germinate, to (eg seeds); sprout, to
germinar v
germination
germinación f
gherkin
pepinillo m
giant bellflower; large campanula
[Campanula latiflora]
campanilla f
giant pigface; Sally-my-handsome; Hottentot fig; sour fig
[Carpobrotus acinaciformis]
flor f de cuchillo; diente m de dragón
giant reed
[Arundo donax]
caña f común; carrizo; junco m gigante
giant saguaro
[Carnegiea gigantea]
saguaro m; sahuaro m
ginger
[Zingiber officinalis / officinale]
jengibre m
ginkgo biloba
[Ginkgo biloba]
ginkgo m (biloba)
ginseng
[Panax ginseng]; [Panax quinquefolia]
ginseng m; ginsén m
gladiolus
[Gladiolus calliathus]
gladio m; gladiolo m; espadilla f; {Mex; gladiola f}
globeflower
[Trollius europaeus]

calderones; flor f de San Pallari; trollius m
glory-bower, bleeding
[Clerodendrum thomsoniae]
clerodendro m; clerodendron m
glove, latex-coton (gardening)
guante m, látex-algodón
gloves
guantes mpl
• guantes de gomma / de látex = rubber / latex gloves
• guantes de vinilo / de polietileno = vinyl / polyethylene gloves
gloves, gardening
guantes mpl de jardineria
glowworm
luciérnaga f
glume blotch of wheat; node canker of wheat
septoriosis f del trigo; seca f de les hojas del trigo {LA; mancha f de la gluma del trigo}
goat's beard
[Aruncus dioicus]
barba f de cabra
goggles, protective
lentes mpl protectoras; gafas fpl
golden bamboo; kamuro-zasa
[Pleioblastus auricomus],
[Pleioblastus viridistriatus]
pleioblastus m auricomus
golden barrel cactus; mother-in-law's-seat
[Echinocactus grusonii]
asiento m de suegra; grusoni m; equinocactus m; bola f de oro; barril m de oro
golden rain tree
[Koelreuteria paniculata]
koelreuteria f; jabonero m de la China

golden rain

golden rain; common laburnum; golden chain; golden rain laburnum
[Laburnum anagyroides]
lluvia *f* de oro; ébano *m* falso; codeso *m*
golden trumpet
[Allamanda cathartica]
allamanda *f*; jazmin *m* de Cuba; trompeta *f* dorada; trompeta de oro
goldenrod
[Solidago virgaurea]
vara *f* de oro
goldfish
pececito *m* (rojo); peces *mpl* de colores
gommosis; gum disease of cherry trees etc
gomosis *f*
gooseberry bush
[Ribes uva-crispa]
grosellero *m* espinoso
gorse; furze
[Ulex europaeus]
tojo *m*
gourd
calabaza *f*
graft union
unión *f* del injerto
graft, to
injertar *v*
graft; grafting
injerto *m*
grafted vine
vid *f* de injerto
grafting knife
navaja *f* de injertar
grafting tape
cinta *f* de injertar
grafting wax; tree grafting wax
betún *m* de injertar; mastic *m* para injertar
grafting, double; intergrafting
injerto *m* intermedio; sobreinjerto *m*; doble injerto
grafting, root
injerto *m* sobre las raices
grafting, splice; whip grafting
injerto *m*
grafting, tongue
injerto *m* inglés complicado
grain; seed; bean
grano *m*
- granos de pimienta = peppercorns

granary
granero *m*
granary raised on stone pillars
hórreo *m*
grape
uva *f*
- uva blanca = green grape; white grape
- uva negra = black grape
- uva crespa = gooseberry
- uva espina = gooseberry
- uva moscatel = muscatel grape

grape harvest; wine harvest; grape-harvesting
vendimia *f*
grape hyacinth
[Muscari neglectum]
nazareno *m*; jacinto *m* de penacho; muscari *m*
grape picker; grape harvester
vendimiador *m*; vendimiadora *f*
grape seed
granilla *f* de uva; pepita *f* de uva
grape-stalk
raspón *m*; escobajo *m*; raspajo *m*
grapefruit; pomelo

groundwater

[Citrus grandis]
pomelo *m* {LA: toronja *f*}
grapeseed oil
aceite *m* de granilla de uva; aceite *m* de pepita de uva
graptopetalum
[Graptopetalum]
graptopétalo *m*
grass mower, electric
cortacésped *m* eléctrico
grass over, to (eg land, field)
cubrir *v* de hierba
grass seed; lawn seed
semilla *f* de gramíneas; semilla de césped
grass snake; snake
culebra *f*
grass; herb
hierba *f*
grass; lawn
césped *m*
grasshopper
saltamontes *m*
grassland; meadow; field
herbazal *m*
grating; lattice; trellis; railing
enrejado *m*
• enrejado de alambre = wire netting; wire netting fence
gravel
gravilla *f*
gravel; grit; crushed stone
grava *f*
green almond
almendruco *m*
green lacewing
[Chrysoperia rufilabris]
chrysoperia *f*
green lizard
lagarto *m* verde

green pepper
pimiento *m* verde
greenfly; aphid; plant louse
pulgón *m* (see also afido)
greengage (fruit)
claudia *f*; ciruela *f* claudia; ciruela *f* verdal
greengage tree
[Prunus domestica rotunda],
[Prunus domestica italica]
ciruelo *m* claudio
greenhouse; glasshouse; hothouse; conservatory; winter-quarters
invernadero *m*
greenhouse plant; glasshouse plant; hothouse plant
planta *f* de invernadero
grit; gravel
cascajo *m*
ground cover
cubierto *m* por el terreno
ground covering plant
cobertura *f* de suelo
ground ivy
[Glechoma hederacea]
hiedra *f* terrestre
ground, stony ground
terreno *m* pedregoso
ground; soil; land; surface
suelo *m*
• suelo superficial = topsoil
• suelo vegetal = topsoil
• suelo basico / alcalino = basic / alkaline soil
• suelo neutro = neutral soil (pH=7)
groundwater
agua *f* subterránea; agua del subsuelo

group of shoots

group of shoots from same base; woody shoot (eg from a tree stump)
macolla *f*
grove; copse; thicket
soto *m*
grow or turn green again, to
reverdecer *v*
grow, to; increase, to
crecer *v*
growbag
saco para cultivar; bolsa *f* de cultivo
growing (eg plant, vegetable)
creciendo *adj*
growth
crecimiento *m*
growth regulator
regulador *m* de crecimiento
growth ring; annual ring
anillo *m* de crecimiento
grub, to; uproot, to
descepar *v*
grubbing
decepe *m*
grubbing hook
garabato *m*; escardillo *m*
grubbing or clearing of land; cleared land
roza *f*, artiga *f*, descuaje *m*
guava
[Psidium guajava]
guayaba *f*
guava tree
guayabo *m*   [And: pacay *m*]
 • guava (fruit) = guayaba *f*   [And; pacay *m*]
guelder rose; viburnum
[Viburnum opulus]
viburno *m*; bola *f* de nieve; mundillo *m*; sauquillo *m*

guide, to; train, to
dirigir *v*
gutter
canal *m*; canalita *f*; canalón *m*
 • gotera = gutter (architecture)
 • alcantarilla = street gutter
1 gutter; water conduit; 2 fan trellis
encañado *m*
gypsum
yeso *m*

H

haageocereus
[Haageocereus]
haageocereus *m*
hacksaw
sierra *f* para metales; arco *m* de sierra
hail; hailstone
granizo *m*
hairy canary clover lotus
[Lotus hirsutus]
bocha *f* peluda
hairy St. John's Wort
[Hypericum hirsutum]
hierba *f* de San Juan peluda
half standard
árbol *m* a medio viento
hammer
martillo *m*
hammer into, to; drive into, to; nail, to
clavar *v*
hand pruning shears; secateurs
tijeras *fpl* de poda manuales
hand ridger
aporcador *m*
handle

mango *m*
• mango disponible = spare handle
hanging basket
cesto *m* colgante para plantas; maceta *f* colgante
harden off, to (seedlings); acclimatize, to
aclimatar *v*
hardened off
aclimatado *m*
hardwood
madera *f* dura; madera *f* de especie frondosa
hardy
resistente *adj*
hardy annual; annual plant
planta *f* anual
hardy ice plant;
[Delosperma cooperi]
delosperma *f*
hare
liebre *f*
haricot bean; kidney bean; French bean
[Phaseolus vulgaris]
frijol *m*; frijol colorado; alubia *f*, judia *f* blanca
harrow
rastra *f*, grada *f*
harrow, to; hoe, to
gradar *v*
harrow plough
arado m rastra; rastrón m
hart's tongue fern
[Phyllitis scolopendrium], [Scolopendrium officinale]
lengua *f* de ciervo; escolopendra *f*
harvest
cosecha *f*, recogida *f*

harvest, to (flowers, fruit); pick up, to; pick, to (eg mushrooms); collect, to; gather, to (eg potatoes); sweep up, to (eg dead leaves)
recoger *v*
1 harvest, to (a crop); gather, to; 2 grow, to; cultivate, to
cosechar *v*
harvest time; crop; vintage
cosecha *f*
• de cosechia propia = home-grown
• la cosecha de 2005 = the 2005 vintage
harvester (machine)
segadora *f*
haulm (of potatoes etc)
hojarasca *f* (de patata)
haw
baya *f* del espino
hawkweed; yellow hawkweed
[Hieracium fendleri]
hieracio *m*; hierba *f* del gavilán
hawthorn, common
[Crataegus monogyna]
majuelo *m*; espino *m* albar; espino majuelo
hawthorn, English
[Crataegus oxyacantha]
espino *m*, espino albar; espino blanco
hay
heno *m*
hay fork
horquilla *f* para heno; horca *f*
hay rake
rastrillo *m* amontonador de heno
hayfield; hayloft
henar *m*
haymaking

hayrick

siega *f* del heno; henificación *f*
hayrick; haystack
almiar *m* de heno
hazel (tree); European hazel
[Corylus avellana]
avellano *m* europeo
• madera de avellano = hazel wood
hazelnut; cob nut; filbert
avellana *f*
heart cherry tree
cerezo *m* mollar
heart cherry; gean cherry (fruit)
cereza *f* mollar
heartwood
duramen *m*; madera *f* de duramen; corazón *m*
heath soil; heath mould; peat
terreno *m* de brezal
heather; heath; Scotch heather; ling
[Calluna vulgaris]
brecina *f*, brezo *m*
heathland; moor
brezal *m*
hebe; New Zealand hebe; showy speedwell
[Hebe speciosa]
verónica *f*
hectare
hectárea *f*
hedge
seto *m* vivo
hedge cutter, electric; hedge trimmer
cortaseto *m* eléctrico
hedge cutter; hedge trimmer
cortaseto *m*; recortaseto *m*; recortador *m* de setos
hedge shears
tijeras *fpl* para setos vivos

hedge shears; garden shears
tijeras *fpl* de jardinero
hedge, to; to fence; enclose, to
cercar *v*
hedge; fence; wall
seto *m*
hedgehog
erizo *m*
hedgehog cactus
[Echinocereus]
echinocereus *m*
hedging
cuidado *m* de los setos
hedging plant
planta *f* para seto vivo; arbusto *m* para setos
heliotrope
[Heliotropium arborescens]
heliotropo *m*
helmet flower; monkshood
[Aconitum napellus]
acónito *m*, anapelo *m*, matalobos *m*
hemlock; Canada hemlock; Eastern hemlock
[Tsuga canadensis]
tsuga *f* del Canada; falso abeto *m* del Canada; tsuga del este
hemp (plant); hemp cloth
cáñamo *m*
hemp agrimony
[Eupatorium cannabinum]
eupatorio *m*; cáñamo *m* acuático; eupatorio de los árabes
henbane; black henbane
[Hyoscyamus niger]
beleño *m*; beleño *m* negro
herb garden
jardin *m* de hierbas finas
herb; pot herb; aromatic herb
hierba *f* aromatica

herbaceous
herbáceo *adj*
herbicidal
herbicida *adj*
herbicide; weedkiller
herbicida *m*
herbicide, selective; selective weedkiller
herbicida *f* selectivo
hesper palm; blue hesper palm; brahea palm
[Brahea armata]
palmera *f* azul (de Méjico); palmera gris
hibiscus
[Hibiscus sabdariffa]
flor *f* de Jamaica; rosa *f* de Jamaica
high pressure washer
limpiador *m* de alta presión
highbush blueberry
[Vaccinium corymbosum]
arándano *m*; arándano azul
hip; rosehip; wild rose; briar
escaramujo *m*
hoe
azadón *m*
• azadón de motor de gasolina = mechanical hoe, petrol motor
hoe, to
azadonar *v*; pasar *v* la azada
hoe, draw
azada *f*
hoe, gardener's ; small hoe
azadilla *f*
hoe, weeding
escardillo *m*
hoe; hoe-fork; weeding hoe
almocafre *m*
hoeing
cava *f*
hoeing machine
binadora *f*, azada *f* mécanica
hole
hoyo *m*
holly; holly tree
[Ilex aquifolium]
acebo *m*
hollyhock
[Alcea]
malvarrosa *f*, malva *f* real; malva loca
holm-oak wood; oak grove
encinar *m*
honesty
[Lunaria annua]
lunaria *f*, hierba *f* del nácar; monedas *fpl* del Papa
honey-producing
melifero,-ra *adj*
honeybush
[Melianthus major]
melero *m*; flor *f* de miel
honeycomb
panal *m*
honeydew
melaza *f*, mielato *m*
honeysuckle; Etruscan honeysuckle
[Lonicera caprifolium]
madreselva *f*
honeysuckle; woodbine
[Lonicera periclymenum]
madreselva *f*
hook; grubbing hook
garabato *m*
hop; humulus
[Humulos lupulus]
lúpulo *m*
hopper; seed hopper
tolva *f* de simiente; cajón *m* sembrador
horizon

hormone

horizonte *m*
• horizante del suelo = soil horizon
hormone
hormona *f*
• hormona vegetal = plant hormone
• hormona de crecimiento = growth hormone
hormone rooting powder (for cuttings)
polvo *m* de hormonas para esquejes
hornbeam; European hornbeam
[Carpinus betulus]
carpe *m*; carpe europeo
hornet
avispón *m*
horse
caballo *m*
horse chestnut (nut)
castaña *f* de Indias
horse chestnut tree
[Aesculus hippocastanum]
castaño *m* de Indias
horse manure; horse dung
estiércol *m* del ganado (caballar o equino)
horsefly
tábano *m*; mosca *f* de burro
horseradish
[Cochlearia armoracia], *[Armoracia rusticana]*
rabano *m* picante
horsetail; scouring rush
[Equisetum]
equiseto *m*; cola *f* de caballo
horticultoral compost
tierra *f* horticola
horticultural oils
aceites *mpl* hortícolas
horticulture; gardening

horticultura *f*
hose reel
carretel *m* de manguera; carretilla *f* para manguera
hose; garden hose; hosepipe
manguera *f* (para regar); manga *f*
• manguera *f* de riego = sprinkler hose
host
huésped *m*
hosta
[Hosta]
hosta *f*, hermosa *f*
hotbed
cama *f* caliente
hothouse, greenhouse
estufa *f*
hothouse; forcing house
invernadero *m* caliente
house fly
mosca *f* doméstica; mosca *f* común
house mouse
ratón *m* casero
house plant
planta *f* de interior
house; home; company; firm
casa *f*
humidity; damp(ness); moisture
humedad *f*
humus; mould; mulch; manure; vegetable mould; garden mould
mantillo *m*; humus *m*
hyacinth
[Hyacinthus]
jacinto *m*
hyacinth, water hyacinth
[Eichhornia crassipes]
jacinto *m* de agua; camalote *m*; lampazo *m*; violeta *f* de agua
hybrid
hibrido *m and adj*

hydrangea
[Hydrangea aborescens]
hortensia *f*
hydrangea, oak-leafed hydrangea
[Hydrangea quercifolia]
hortensia *f*, hortensia de hojas de roble
hydroponics
hidroponia *f*, cultivo *m* hidropónico
hyssop; common hyssop; hedge hyssop
[Hyssopus officinalis]
hisopo *m*

I

ice plant; pink vygie
[Lampranthus blandus]
lamprantus *m*; mesen *m* rosado; mesem rosa; escarcharda *f*
ice plant; showy stonecrop
[Sedum spectabile]
telefio *m*; sedum *m* de otoño; pata *f* de conejo; sedo brillante
ice plant, trailing; pink carpet
[Delosperma cooperi],
[Mesembryanthemum cooperi]
delosperma *f*, mesem *m*
ice; frost; freezing
hielo *m*
identify, to; recognize, to
identificar *v*
immersion
inmersión *f*
impatiens; busy lizzie
[Impatiens walleriana]
alegria *f* del hogar; alegria de la casa; impatiens *f*

improve appearance of, to; dress up, to (plants)
acicalar *v*
in flower; in bloom
en flor
indehiscent
indehiscente *adj*
Indian pink
[Dianthus chinesis]
clavel *m*; clavellina *f*
Indian rubber tree; rubber plant
[Ficus elastica]
ficus *m*; ficus de hoja grande; arbol *m* del caucho
indigo plant
[Indigofera]
añil *m*; añilera *f*
infest, to
infestar *v*
inflorescence
inflorescencia *f*
injury; wound
herida *f*
inorganic fertilizer; mineral fertlizer;
abono *m* inorgánico
insect
insecto *m*
insect bite or sting
picadura *f* de insecto
insect damage; insect injury
daño *m* causado por insectos
insect pest control
desinsectación *f*
insect; bug; maggot; creepy-crawly; small animal
bicho *m*
insecticide; insecticidal
insecticida *m and adj*
• insecticida de contacto = contact insecticide

insecticide powder

• jabón insecticida = insecticidal soap
insecticide powder
insecticida *m* en polvo
iris
[Iris]
lirio *m*
iris; Dutch iris; Spanish iris
[Iris xiphium]
iris *m* de Holanda; lirio *m* español
iris; flag iris;German iris; common flag
[Iris germanica]
lirio *m* azul; lirio cárdeno; lirio común
iron
hierro *m* {LA: fierro *m*}
iron sulphate; iron sulfate
sulfato *m* ferroso; sulfato de hierro
irrigate, to
irrigar *v*; regar *v*
irrigation
irrigación *f*, (see also riego *m*)
irrigation channel
reguera *f*, reguero *m*; canal *m* de riego
irrigation channel or ditch; trench; drain
acequia *f*
irrigation system
sistema *m* de riego
irrigation, drip; trickle irrigation
riego *m* por goteo
irrigation, spray irrigation; sprinkler irrigation
riego *m* por aspersion
irrigation; hosing; spraying
riego *m*
• canal de riego = irrigation channel

• riego por aspersión = watering by spray or sprinklers
• riego por goteo = trickle irrigation
ivy
[Hedera]
hiedra *f*
ivyleaf morning glory
[Ipomoea hederacea]
ipomoea *f*

J

jacaranda tree
[Jacaranda mimosifolia]
jacaranda *f*, palisandro *m*; tarco *m*
Jacob's coat; copperleaf
[Acalypha wilkesiana]
acalifa *f*
Jacob's ladder
[Polemonium caeruleum]
polemonio *m* azul
jade tree; friemdship tree; money tree
[Crassula ovata]
crasula *f*, árbol *m* de jade; planta *f* del dinero
Japanese anemone
[Anemone x hybrida]
anémona *f*
Japanese aralia
[Fatsia japonica]
aralia *f*, fatsia *f*
Japanese banana; Japanese hardy banana
[Musa basjoo]
bananero *m* japonés; platanero *m* japonés
Japanese flowering cherry
[Prunus serrulata]

cerezo *m* japonés; cerezo del Japón; cerezo de flor
Japanese honeysuckle
[Lonicera japonia]
madreselva *f* del Japón
Japanese orange; Japanese mock orange
[Pittosporum tobira]
pitosporo *m* ; pitosporo del Japón; azahar de la China
Japanese sago palm
[Cycas revoluta]
cica *f*, palma *f* de sagú; cyca *f* revoluta; sagú *m* del Japón
jardinier; flower stand; window box; plant holder; jardinière
jardinera *f*
jasmine; royal jasmine; Spanish jasmine
[Jasminum grandiflorum]
jazmin *m*
Jerusalem sage
[Phlomis fruticosa]
flomis *m*; oreja *f* de liebre; salvia *f* de Jerusalen
Jerusalem thorn; Mexican palo verde
[Parkinsonia aculeata]
espino *m* de Jerusalén; parkinsonia *f*
Job's tears
[Dicentra]
lágrimas *fpl* de Job; corazoncillo *m*; dicentra *f*
jovibarba; beard of Jove
[Jovibarba]
jovibarba *f*, barba *f* de Jove
Judas tree
[Cercis siliquastrum]
árbol *m* del amor; árbol de Judas
jujube; Chinese date
[Ziziphus jujuba]

azufaifo *m*; yuyubo *m*
juniper, common
[Juniperus communis]
enebro *m* común; enebro real
juniper, Phoenician
[Juniperus phoenicea]
sabina *f* negra
juniper, prickly
[Juniperus oxycedrus]
enebro *m* de la miera
justicia; snake bush
[Justicia adhatoda]
justicia *f*, justicia de India; adatoda *f*

K

Kaffir lily; bush lily
[Clivia miniata]
clivia *f*
kelp
[Laminaria]
kelp *m*; quelpo *m*
Kermes oak
[Quercus coccifera]
coscoja *f*, chaparro *m*
kidney weed
[Dichondra repens],[Dichondra micranth]
dichondra *f*, dicondra *f*
kikuyu grass
[Pennisetum clandestinum]
kikuyo *m*; kikuyu *m*; grama *f* gruesa; pasto *m* africano
kill off, to; exterminate, to
exterminar
king's crown; humingbird plant; firecracker plant
[Dicliptera suberecta]
dicliptera *f*
knife

knot
cuchillo *m*
1 knot (in rope or cord); 2 knot (in wood); 3 node (on stem of plant, bifurcation)
nudo *m*

L

label
etiqueta *f*, rótulo *m*
• etiquetas de plástico = plastic labels
label, to
etiquetar *v*
ladder, extending
escalera *f* de extensión
• escalera de aluminio = aluminium ladder
ladder; stepladder
escala *f* ; escalera *f* de mano;
lady of the night; night jasmine
[Cestrum nocturnam]
dama *f* de noche; galan *m* de noche
ladybird; ladybug
mariquita *f* {Col: petaca *f*, Chi: chinita *f*}
lady's mantle; alchemilla; dewcup
[Alchemilla vulgaris]
pie *m* de león; alquimila *f*
lady's slipper orchid
[Cypripedium calceolus]
zapatilla *f* de dama; zueco *m* de dama
lake
lago *m*
lake; pool (fresh water); lagoon (salt water)
laguna *f*

1 land; piece of land; plot of land; parcel of land; lot; 2 ground; soil
terreno *m and adj*
landscape
paisaje *m*
landscape gardener
jardinero *m*; jardinera *f*, paisajista *f*
landscaping rose; ground-covering rose
rosal *m* paisaje
landscaping; landscape gardening
jardineria *f* paisajista; paisajismo *m*
lantana, common lantana
[Lantana camara]
lantana *f*, bandera *f* española; banderita *f* española
lantana, trailing; purple lantana
[Lantana montevidensis]
lantana *f* rastrera; lantana tendida
lantern; lamp (garden)
farol *m*
larch, European
[Larix europaea] ; *[Larix decidua]*
alerce *m* europeo ; lárice *m*
large-leaved lime/linden; broad-leaved lime
[Tilia platyphyllos]
tilo *m* de hojas grandes ; tilo europeo
larkspur
[Delphinium consolida]
espuela *f* de caballero
larva; grub; maggot
larva *f*
late (eg potato)
tardio *adj*
late crop
cultivo *m* tardio; cultivo retrasado
late vine; late grape

rebusco *m*
late vintage
cosecha *f* tardia
lavander bush; lavender plant
mata *f* de lavanda; planta *f* de lavanda
lavatera
[Lavatera trimestris]
malva *f* real; lavatera *f*
lavender
[Lavandula angustifolia]
lavanda *f*, alhucema *f*, espigolina *f*, lavándula *f*, espliego *m*
lavender cotton; gray santolina
[Santolina chamaecyparissus]
santolina *f*
lavender, Spanish; French lavender
[Lavandula stoechas]
cantueso *m*
lawn
césped *m*
lawn aerator
ventilador *m* de césped
lawn edger; lawn edge cutter
cortabordes *m*; cuchilla *f* para delimitar el césped
lawn mower; grass cutter
cortadora *f* de césped
lawn rake
escoba *f* de césped
layer, to (plants)
acodar *v*
layering
acodadura *f*, acodado *m*
leadwort
[Plumbago]
plumbago *m*; celestina *f*
leaf blight
tizón *m* de la hoja
leaf blotch

graneado foliar *m*
leaf drop; leaf fall
defoliación *f*, caida *f* de las hojas
leaf fleck of pears; ashy leaf spot of pears
septoriosis *f* del peral
leaf hopper
[Empoasca lybica]
mosquito *m* verde
leaf mosaic virus
virus *m* del mosaico de las hojas
leaf mould; compost
mantillo *m* de hojas
leaf mould; green manure
abono *m* verde
leaf spot
mancha *f* foliar
• mancha foliar irregular = leaf blotch
leaf-collector; leaf sweeper
barredora *f* de hojas
leaf; petal
hoja *f*
• hoja *f* de laurel = bay leaf
leafminer
minador *m*
leafy; luxuriant
frondoso,-sa *adj*
leatherjacket
larva *f* de la tipula
leek
[Allium ampeloprasum var. porrum]
puerro *m*
leek moth
polilla *f* del puerro
lemon (fruit)
limón *m*
lemon balm
[Melissa officinalis]
toronjil *m*
lemon tree

lemon verbena
[Citrus limonium]
limonero *m*
lemon verbena
[Aloysia triphylla]
hierba *f* luisa; cedrón *m*
lentil
lenteja *f*
lesser periwinkle
[Vinca minor]
vincapervinca *f* menor
lettuce
[Lactuca sativa]
lechuga *f*
lettuce, cos lettuce
lechuga *f* Cos; lechuga francesa; lechuga orejona; lechuga romana;
lettuce, iceberg lettuce
[Lactuca sativa]
lechuga *f* repollada
lettuce, water lettuce
[Pistia stratiotes]
lechuga *f* de agua; lechuguilla *f*, repollo *m* de agua; repollito *m* de agua
level, to; get level, to
nivelar *v*
liana
bejuco *m*; liana *f*
lichen
liquen *m*
light soil
suelo *m* ligero
lightning
relámpago *m*
ligneous; woody
leñoso,-sa *adj*
lilac
[Syringa]
lila *f*, lilo *m*
lilac hibiscus; blue hibiscus
[Alyogyne huegelii]

alyogyne *m*
lily of the valley
[Convallaria majalis]
lirio *m* de los valles; muguete *m*
lily, white; Madonna lily
[Lilium candidum]
azucena *f*, lirio *m* blanco; lirio de San Antonio
lily; Peruvian lily
[Alstroemeria aurantiaca],
[Alstroemeria aurea]
alstroemeria *f*, lirio *m* de los incas; azucena *f* peruana
lily; water arum lily
[Zantedeschia aethiopica]
cala *f*, lirio *m* de agua; alcatraz *m*; aro *m* de Etiopia; cartucho *m*
limb (of tree); branch
rama *f* grande
lime
cal *f*
• cal-azufre = lime-sulfur
lime, to
abonar *v* con cal
lime, to; whitewash, to
encalar *v*
lime; lime fertilizer; agricultural lime
abono *m* cálcico
lime; lime tree
[Citrus aurantifolia], *[Citrus acida]*, *[Citrus medica var. acida]*, *[Limonia aurantifolia]*
limero *m*; lima *f* {Mex; limón *m* agrio}
limestone
caliza *f*
• piedra caliza molida = crushed limestone
liming
encalado *m*; enmienda *f* caliza

limy
calizo,-za *adj*
• piedra caliza = limestone
line up, to; align, to
alinear *v*
linseed; flaxseed
[Linum usitatissimum]
linaza *f*
lion's ear
[Leonotis leonorus]
leonotis *m*; oreja de león
lipstick plant
[Aeschynanthus lobbianus]
esquinantus *m*; planta *f* barra de labios; esquenanto *m*
litchi; lychee (fruit, tree)
lichi *m*
little owl
mochuelo *m*
liver leaf, hepatica
[Hepatica nobilis]
hepática *f*; hierba *f* del hígado
lizard, large
lagarto *m*
lizard, wall
lagartija *f*
loam; topsoil
tierra *f* negra
lobelia, Indian tobacco
[Lobelia inflata]
lobelia *f*; tabaco *m* indio
1 lobster; 2 locust
langosta *f*
log; lumber
leño *m*
loganberry (fruit)
frambuesa *f* de Logan
loganberry bush
frambueso *m* de Logan
loosen, to (soil); dig over, to
mullir *v* el suelo

Madagascar dragon tree

lopping shears; pruning shears; pruning knife; secateurs; billhook
podadera *f*
lotus; sacred lotus
[Nelumbo nucifera]; [Nelimbo nucifera]
loto *m*; flor *f* de lotus; loto sagrado; nelumbo *m*; rosa *f* del Nilo
louse; lice
piojo *m*; piojos *mpl*
lovage, English lovage
[Ligusticum officinale], [Levisticum officinale]
levístico *m*; apio *m* de monte; legústico *m*; perejil *m* silvestre
lupin
[Lupinus]
altramuz *m*; lupino *m*
lychnis coronaria; campion; rose campion
[Lychnis coronaria]
coronaria *f*; clavel *m* lanudo; candelaria *f*
lynx
lince *m*
• lince ibérico = pardal lynx; Spanish lynx

M

machine for destalking grapes
despalilladora *f*
macronutrient
macroelemento *m*
Madagascar dragon tree; red-edged dracaena
[Dracaena marginata]
drácena *f*; drácena marginata; dracaena de hoja fina

Madagascar jasmine

Madagascar jasmine; wax flower
[Stephanotis floribunda]
jazmin *m* de Madargascar
madder
[Rubia tinctorum]
rubia *f*, garanza *f*
maggot; grub; worm; earthworm
gusano *m*
• gusano de mariposa = caterpillar (of butterfly)
• gusano de polilla = caterpillar (of moth)
maggoty; wormy (eg fruit)
agusanado *adj*; con gusanos *adj*
magnesia
magnesia *f*
magnesian limestone
dolomia *f*, caliza *f* magnesiana
magnesium
magnesio *m*
magnolia (colour)
magnolia *f*
magnolia tree
[Magnolia glauca], *[Magnolia grandiflora]*
magnolio *m*; magnolia *f* Virginiana
maidenhair fern
[Adiantum capillus veneris]
capilera *f*, adianto *m*; cabello *m* de Venus
maintain, to; keep, to; support, to
mantener *v*
maize; sweet corn
[Zea mays]
maiz *m*; maiz *m* dulce; chocio *m*; elote *m*
• maizal *m* = maize field
Majorcan peony; Mexican poppy
[Paeonia cambessedesii]
peonia *f*

malathion ® (an organophosphorus pesticide)
malatión *m* ®
mallet; maul; beetle
mazo *m*; maza *f*
mallow
[Malva]
malva *f*, malva del campo
mallow, common
[Malva sylvestris]
malva *f*
mandarin orange tree
[Citrus reticulata]
mandarino *m*; mandarinero *m*
• mandarina *f* = mandarin (fruit)
mango tree; mango fruit
[Mangifera indica]
mango *m*
manure; dung
estiércol *m*; fiemo *m*
manuring
estercolado *m*; estercoladura *f*
maple (tree)
[Acer spp]
arce *m*
maple, Italian
[Acer opalus]
arce *m* napolitano; acirón *m*
maple, field
[Acer campestre]
arce *m* comun; arce menor; arce campestre
maple, Japanese
[Acer palmatum]
arce *m* japonés
maple; Montpellier maple;
[Acer monspessulanum]
arce *m* de Montpellier; arce menor
maple, Norway
[Acer platanoides]
arce *m* real

mechanical reaper

marguerite; Paris daisy
[Argyranthemum frutescens],
[Chrysanthemum frutescens]
margarita f, crisantemo m
marigold; African marigold; Aztec marigold; common marigold
[Tagetes erecta]
clavel m de las Indias; clavelón m; tagete m
marigold; pot marigold; calendula
[Calendula officinalis]
caléndula f, maravilla f
marjoram. sweet
[Origanum majorana]
mejorana f cultivada
mark, to; fix, to
señalar v
mark, to; mark out, to
marcar v
market gardener; horticulturist
horticultor m; horticultora f, hortelano m ; hortelana f
marl; loam
marga f
marmalade bush
[Streptosolen jamesonii]
streptosolen m
marsh mallow
[Althaea officinalis]
malvavisco m común; altea f
marsh marigold; kingcup
[Caltha palustris]
hierba f centella ; centella f de agua; calta f
marshy, swampy; boggy
pantanoso,-sa adj; palustre adj
marrow; pumpkin ; squash
[Curbita pepo]

calabaza f, calabacin m   {Per,SC: zapallo m}
mastic tree
[Pistacia lentiscus]
lentisco m
mattock
azadón m; azadón de peto; azadón de pico
maximize, to
maximizar v; sacar v el maximo partido
may tree; midland hawthorn
[Crataegus laevigata]
espino m blanco; espino ardiente
meadow; field
prado m; pradera f
meadowsweet
[Filipendula ulmaria], [Spiraea ulmaria]
ulmaria f, reina f de los prados; hierba f de las abejas
mealy bug; woolly aphid
[Pseudococcus Sp.]
chanchito m blanco
mealycup sage
[Salvia farinacea]
salvia f farinacea
measure, to; guage, to
medir v
measured quantity; dosage
dosis f
measuring
medición f
measuring jug
jarra f medidora; jarra graduada
mechanical cultivator; rotovator ®
cultivadora f, retrovato m; rotovátor m
mechanical reaper; combine harvester
cosechadora f

medicinal herb

medicinal herb
hierba *f* medicinal
Mediterranean spurge
[Euphorbia characias]
tártago *m* mayor; lechetrezna *f* macho; lechterna
medlar; loquat
[Mespilus germanica]
níspero *m*; nispero germanico; nispero europeo;
nispola *f*, nispolero *m*
melon
melón *m*
mend, to; repair, to; tidy up, to
arreglar *v*
mesh (eg of netting)
malla *f*
• malla de alambre = wire mesh; wire netting
Mexican aster; garden cosmos
[Cosmos bipinnatus]
cosmos *m*
Mexican fan palm; Mexican thread palm
[Washingtonia robusta]
palma *f* mexicana; pritchardia *f*, palmera *f* de abanico mejicana
Mexican mock orange
[Philadelphus mexicanus]
jazmin *m* mexicano; mosqueta *f*
Mexican orange blossom
[Choisya ternata]
naranjo *m* de México; naranjo de Méjico
mezereon; February daphne
[Daphne mezereum]
lauréola *f* hembra; mecerón *m*; mezereo *m*
micronutrient
microelemento *m*
mildew
mildiu *m*; mildeu *m* (see also moho)
Mediterranean spurge; vine mildew; powdery mildew; oidium
[Oidium]
mal *m* blanco del guisante; lepra *f* del guisante {LA: lepra de la anveja}
mildewed; mildewy; mouldy
mohoso,-sa *adj*
milkberry; snowberry
[Chiococca alba]
bejuco *m* de verraco; cainca *f*, oreja *f* de raton
milkweed
[Euphorbia]
euforbia *f*, algodoncillo *m*
milky bellflower
[Campanula lactiflora]
campanilla *f*
millet
mijo *m*
millipede
milpiés *m inv*
mimosa
[Mimosa]
mimosa *f*
minimize, to
minimizar *v*
mint
[Mentha]
menta *f*
mirabelle plum
[Prunus domestica var. syriaca]
ciruela *f* mirabelle
mist; sea mist
bruma *f*
• bruma del alba = morning mist
mistletoe
[Viscum album]

muérdago *m*
mix to; blend, to
mezclar *v*
mock orange
[Philadelphus coronarius]
celinda *f*, falso naranjo *m*
mock privet; evergreen privet
[Phillyrea angustifolia]
labiérnaga *f*, labiérnago *m* blanco
mole
[Talpa europea]
topo *m* europeo
mole-cricket
alacran *m* cebollero; grillo *m* topo; grillotalpa *m*; grillo *m* real
money plant; swedish ivy
[Plectranthus australis]
planta *f* del dinero; planta del euro; plectranto *m*
monila disease (fungus); brown rot (eg of fruit)
podredumbre *f* parda
monkey puzzle tree; Chile pine
[Araucaria araucana]
araucaria *f*, pino *m* de Chili
monkshood; wolfbane
[Aconitum anglicum]
acónito *m*
montbretia
[Crocosmia x crocosmiiflora]
crocosmia *f*. montbretia *f*, montebretia
Monterey cypress
[Cupressus macrocarpa]
ciprés *m* dorado de Monterey
moorland; moor
páramo *m*; turbera *f*
morello cherry; sour cherry (fruit)
guinda *f*, cereza *f* ácida
morello cherry tree

mould

[Prunus cerasus]
guindo *m*; cerezo *m* acido; cerezo de morello
mosquito; gnat
mosquito *m* {LA zancudo *m*; jejen *m*}
moss
musgo *m*
moss remover; moss destroyer
antimusgo *m*
moss rose; rose moss; sun plant
[Portulaca grandiflora]
portulaca *f*, verdolaga *f* de flor; flor *f* de seda
mossy
musgoso *adj*; cubierto de musgo
moth
mariposa *f* nocturna
moth; clothes moth
polilla *f*
moth; grain moth; nymph; chrysalis
palomilla *f*
mother plant; stock plant
planta *f* madre; pie *m* madre
motherwort
[Leonurus cardiaca]
agripalma *f*, cardiaca *f*, cola *f* de león
motorized tiller; motor cultivator
motoazada *f*
• motoazada gasolina = mechanical tiller, petrol motor
• motoazada eléctrica = mechinical tiller; electric motor
mould or compost for planting trees and shrubs
tierra *f* para plantaciones de árboles y arbustos
mould; mildew

mountain ash

moho *m*
mountain ash; rowan tree
[Sorbus aucuparia]
serbal *m* silvestre; serbal de cazador
mountain laurel; calico bush; spoonwood
[Kalmia latifolia]
kalmia *f*; laurel *m* americano; laurel de montaña
mouse
ratón *m*; ratóna *f* {SC: laucha *f*}
mouse poison
ratonicda *m*
mousetrap
ratonera *f*
1 mow, to (lawn, grass); 2 shear or clip, to
cortar *v*
• cortar el césped = to mow the lawn
mower; lawnmower
cortadora *f* de césped; cortacésped *m*
mower; lawnmower
segadora *f* de césped
mowing (eg hay); cutting; reaping
siega *f*, corte *m*
mud
lodo *m*
mud; clay (moulding)
barro *m*
mugwort
[Artemisia vulgaris]
artemisa *f*, altamisa *f*, hierba *f* de San Juan
mulberry (black) bush or tree
[Morus nigra]
moral *m*, moral negro
mulberry (white) tree
[Morus alba]

morera *f*, morera blanca
mulch; mulching; mulch cover (eg bark, stone, plastic)
acolchado *m*; mulch *m*
mulch; straw mulch
pajote *m*
• cubrir con pajote = to mulch
mulching
mulching *m*
mullein; orange mullein
[Verbascum phlomoides]
gordolobo *m*, verbasco *m*
multi-headed tool
herramienta *f* de multi-cabeza
multicoloured
abigarrado,-da *adj*
multiflowering plant
multiflora *f*
mushroom; fungus; toadstool (poisonous)
hongo *m* (see also seta *f*)
mustard (component of mustard and cress)
[Brassica alba] , *[Sinapsis alba]*
mostaza *f* blanca
mustard seed
semilla *f* de mostaza
mycorhiza
micorriza *f*
myoporum; mousehole tree; Ngaio tree
[Myoporum laetum]
gandul *m*; gandula *f*, mióporo *m*
myrtle
[Myrtus communis]
mirto *m* común; mirtos; arrayán *m*

N

nail; spike; stud
clavo *m*
narcissus; daffodil
[Narcissus}
narciso *m*
narrow-leaf plantain; ribwort plantain
[Plantago lanceolata]
llantén *m* menor; llantén de hoja angosta
nasturtium, Indian cress
[Tropaeolum majus]
capuchina *f*
nature
naturaleza *f*
Neapolitan medlar; azarole
[Crataegus azarolus]
acerolo *m*; azarollo *m*; manzanita *f* de dama; espino *m* rojo
• acerola = medlar (fruit)
nectar
néctar *m*
nectarine tree
[Prunus persica var nectarina]
nectarina *f* { RPI: pelón *m*; Chi: durazno *m* pelado}
• nectarina = nectarine fruit ; a variety of peach
nest (eg of bird, reptiles)
nido *m*
net; netting
red *f*
• red de alambre = wire-netting
nettle sting
picadura *f* de ortiga
New Zealand palm lily; New Zealand cabbage tree
[Cordyline australis]

cordilina *f*, drácena *f*, árbol *m* repollo
nitrate fertilizer; nitrogenous fertilizer
fertilizante *m* nitrogenado
nitrate of lime; calcium nitrate
nitrato *m* cálcico; nitrato de calcio
nitrogen
nitrógeno *m*
nitrogenous fertilizer
abono *m* nitrogenado
nodule
nódulo *m*
Nootka cypress
[Chamaecyparis nootkatensis]
falso ciprés *m*
Norfolk Island pine
[Araucaria excelsa]
araucaria *f*, pino *m* de Norfolk
Norway maple
[Acer platanoides]
arce *m* real ; arce noruego; arce aplatanado
notch grafting
injerto *m* de incrustación
notch; mark; slot; groove
muesca *f*
nursery
vivero *m*; plantel *m*; criadero *m*
nursery (plants); tree nursery; seedbed
vivero *m*
nursery bed
almáciga *f*, cama *f* de almáciga; almácigo *m*
nut; walnut; pecan nut
nuez *f*
nymph
ninfa *f*

O

oak
roble *m* (see also encina)
oak, common; European oak; pedunculate oak
[Quercus robur], [Quercus pedunculata]
roble *m*; carballo *m*; roble pedunculado
oak, holm oak; holly oak
[Quercus ilex]
encina *f*, carrasca *f*, chaparro *m*
oak, Pyrenean
[Quercus pyrenaica]
roble *m* pirenaico; rebollo *m*; melojo; roble melojo
oak-leaf lettuce
lechuga *f* de hoja de roble
oats
[Avena sativa]
avena *f*, avena común
odorous; fragrant; sweet-smelling
oloroso *adj*; fragrante *adj*; aromático *adj*
oenologist
enólogo *m*; enóloga *f*
oenology
enologia *f*
oil palm; African oil palm
palma *f* (africana) de aceite; palmera *f* de aceite
oil-press; wine-press; oil-mill
trujal *m*
okra; (gumbo; lady's finger)
gombo *m*; ocra *m*; quesillo *m*   {LA: quingombó *m* }

old man of the mountains (or Andes)
[Oreocereus celsianus]
oreocereus *m* celsianus; viejo hombre *m* de los Andes
old-fashion rose
rosal *m* antiguo
oleander
[Nerium oleander]
adelfa *f*
olive; olive tree
oliva *f*
olive bark beetle
barrenillo *m* del olivo
olive grove
olivar *m*
olive tree
[Olea europaea]
olivo *m*; aceituno *m*
olive-growing
olivicultura *f*, oleicultura *f*
onion
[Allium cepa]
cebolla *f*
onion leaf beetle
criocero *m* de la cebolla
onion set; young onion fit for transplanting; onion seed
cebollino *m*
open hotbed; manure hotbed
cama *f* de estiércol
open, to; turn on, to (tap)
abrir *v*
orange
[Citrus sinensis]
naranjo *m*, narajno dulce
orange blossom
[Citrus aurantium], [Citrus sinensis]
azahar; azahares; azahar de naranja
orange grove

naranjal m
orange sunflower
[Heliopsis]
heliopsis
orange tree
naranjo m
orange, bitter orange; Seville orange
[Citrus aurantium], [Citrus vulgaris]
naranjo m amargo; naranja f agria; naranjo agrio; naranja Sevilla
orchard
huerto m frutal; huerto de frutales; huerta f frutal; vergel m
orchid
orquídea f
orchid cactus; Dutchman's pipe
[Epiphyllum oxypetalum]
Epiphyllum oxypetalum
orchid tree
[Bauhinia candicans]
pata f de vaca; bauhinia f
oregano, wild marjoram
[Origanum vulgare]
orégano m; mejorana f silvestre; orenga f
organic fertilizer
fertilizante m organico
organic fertilizer; compost
abono m orgánico
organic layer (at soil surface)
capa f organica
organically
biológicamente *adv*
• las plantas son cultivados biológicamente = the plants are grown organically (sin pesticidas ni fertilizantes artificiales)
organically-grown produce
cultivo m biológico
organophosphorus insecticide
insecticida m órganofosforado
oriental hellebore; lenten rose
[Helleborus orientalis]
eléboro m
oriental poppy
[Papaver orientale]
amapola f
ornamental cabbage
[Brassica oleracea]
berza f ornamental
ornamental grass
[Miscanthus]
miscanthus m
ornamental lake
lago m ornamental
ornamental onion; ornamental allium
[Allium cristophii]
cebolla f ornamental; ajo m ornamental; alium
ornamental plant
planta f ornamental; planta de adorno
ornamental shrub
arbusto m ornamental; arbusto de adorno
ornamental tree
árbol m ornamental
oscillating sprinkler
irrigador m oscilante
osier, common
[Salix viminalis]
mimbre m; sauce m mimbre
outdoor plant
planta f de exterior
overripe
sobremaduro *adj*; pasado *adj*
owl, barn owl
lechuza f común
owl, long eared
búho m {Mex: tecolote m}

ox-eye daisy

ox-eye daisy
[Chrysanthemum leucanthemum]
margarita *f* mayor; manzanilla *f* loca

P

packet of seed
paquete *m* de semillas
paling fence
empalizada *f*
palm tree
palma *f*, palmera *f*
palm, sago
sagú *m*
palm; Alexandra palm; King palm
[Archontophoenix alexandrae]
palma *f* alejandra; palmera *f* de Alejandria
palm; palm leaf
palma *f* (see palmera)
palmette; fan-trained tree
palmeta *f*
Pampas grass
[Cortaderia selloana]
plumero *m*; plumeros; carrizo *m* de la Pampa; hierba *f* de la Pampa
panel; fence panel
panel *m*
pansy
[Viola wittrockliana]
violeta *f*, pensamiento *m*
pansy; heartsease
[Viola tricolor]
pensamiento *m*, trinitaria *f*
paperflower; bougainvillea
[Bougainvillea glabra]
 buganvilla *f*, bouganvilla *f*, bugambilia *f*, Santa Rita *f*
parasite

parásito *m and adj*
parasitic
parásito,-ta *adj*
parasitic attack
infestación *f* parasitaria; parasitosis *f*
parent branch
rama *f* madre
park; public gardens
parque *m*
parrot's feather; water milfoil
[Myriophyllum aquaticum]
milhojas *f* acuáticas
parsley
[Petroselinum crispum]
perejil *m*; perijil *m*
parsley, sprig of parsley
ramita *f* de perejil
parsnip
[Pastinaca sativum]
chirivia *f*, pastinaca *f*
passion flower ; blue passion flower
[Passiflora caerulea]
pasionaria *f*, flor *f* de la pasion
passway; walkway
paseo *m*
pasture; grass; lawn; grazing
pasto *m*
 • cortar el pasto = to mow the lawn
patchouli, patchuly
[Pogostemon patchouli]
pachulí *m*; patchoulí
path; garden path
senda *f*, sendero *m*; paseo *m*
path; narrow path
vereda *f*
patio; courtyard; yard
patio *m*
pea

160

[Pisum sativum]
guisante *m* {LA: arveja *f*}
peace lily; white sails
[Spathiphyllum wallisii]
espatifilo *m*; espatifilum *m*; cuna *f* de Moisés; bandera *f* blanca
peach (fruit)
melocotón *m*; durazno *m*
peach tree
[Prunus persica]
melocotonero *m*; duraznero *m*; durazno *m*
peanut cactus
[Chamaecereus silvestrii]
cactus *m* cacahuete
peanut plant
[Arachis hypogaea]
cacahuete *m* {LA: mani *m*}
peapod
vaina *f* de guisante {LA: vaina *f* de arveja; vaina *f* de chicharo}
pear (fruit)
pera *f*
pear tingis; pear lace bug
tigre *m* del peral {LA: chinche *f* de encaje}
pear tree
[Pyrus communis]
peral *m* común
pear, wild
[Pyrus pyraster]
peral *m* silvestre; perastro *m*
peat
tierra *f* de brezo
peat; turf
turba *f*
peaty soil
tierra *f* turbosa
pebble
guijarro *m*
1 pebble; 2 vetch
guija *f*
peel (fruit); peelings (potato)
piel *f*
pennyroyal
[Mentha pulegium]
poleo *m*; poleo menta; menta-poleo
pennywort; navelwort
[Umbilicus pendulinus],[Cotyledon umbilicus]
ombligo *m* venus; ombliguera *f*
peony
[Paeonia officinalis]
peonía *f*
peony
[Paeonia lactiflora]
peonia *f* china; peonia hybrida
pepper black/white
pimienta *f* negra/blanca
pepper plant; pepper pot
pimentero *m*
pepper, sweet pepper; pimento
pimiento *m* dulce; pimiento morrón
peppermint
[Mentha x piperita]
hierbabuena *m*; piperita *f*
per cent
por ciento
perennial; hardy perennial
perenne *adj*; planta *f* perenne;vivaz *adj*; planta *f* vivaz
pergola
pérgola *f*
periwinkle, greater periwinkle
[Vinca major]
vinca *f*
perpetual flowering
remontante *adj*
perry pear
pera *f* de sidra
persimmon (Japanese) kaki; (fruit) persimmon, kaki

pest control

[Diospyros kaki]
caqui *m*
pest control
lucha *f* contra los insectos
pest; plague
plaga *f*
pesticide; insecticide
plaguicida *m*; pesticida *m*
petal
pétalo *m*
petiole; stalk (eg of leaf)
peciolo *m*
petiolule; stalk of leaflet
peciólulo *m*
petrol grass mower
cortacésped *m* de gasolina
petunia
[Petunia]
petunia *f*
petunia, wild
[Ruellia albiflora]
hierba *f* del sueño
pH
pH *m*
• pH del suelo = soil pH value
pH meter
contador *m* de pH
pheasant's eye; blooddrops
[Adonis annua]
gota *f* de sangre; ojo *m* de perdiz
pheromone
feromona *f*
phlox; annual phlox
[Phlox drummondii]
polemonio *m*; flox *m*
Phoenician juniper; Arabian juniper
[Juniperus phoenicea]
sabina *f* negral; sabina suave
phosphate
fosfato *m*

phosphorus
fósforo *m*
photosynthesis
fotosíntesis *f*
photosynthesize, to
fotosintetizar *v*; hacer *v* fotosintesis
phylloxera (aphid that attacks vine roots)
filoxera *f*, filoxérica *f*
phylloxera-immunity
resistencia *f* filoxérica; resistencia a la filoxera
phytotoxic
fitotóxico *adj*
phytotoxicity
fitotoxicidad *f*
pick, to (left grapes after the main harvest); glean, to (eg grapes)
rebuscar *v*
pick; pickaxe
pico *m*; piqueta *f*, zapapico *m*
pickerel weed
[Pontederia cordata]
pontederia *f*, espigas *fpl* de agua; camalote *m* grande; flor *f* de la laguna; tule *m*
pickling onion
cebollita *f*
pimpernel, scarlet pimpernel
[Anagallis arvensis]
anagálide *f*, pimpinela escarlata
pinch off, to
despuntar *v*; deszarcillar *v*
1 pinch off, to; tip, to; 2 cut off empty combs of a beehive, to; 3 sprout, to; bud, to
despuntar *v*
pinching off
despunte *m*
pincushion cactus

plant hormone

[Mammillaria]
mammillaria *f*
pine bark
corteza *f* de pino
pine cone
piña *f*, pinocho *m*
pine kernal; pine nut
piñon *m*
pine needle (on ground)
pinocha *f*
pine needle (on tree)
hoja *f* de pino; aguja *f* de pino
pine tree
pino *m*
pine, Aleppo; Cyprus pine
[Pinus halepensis]
pino *m* carrasco; pino de Alepo; pino de Chipre
pine, cluster; maritime pine
[Pinus pinaster]
pino *m* rodeno; pino maritimo; pino negral
pine, Monterey; insignia pine
[Pinus radiata]
pino *m* insigne; pino de Monterey
pine, Scots; Scotch pine
[Pinus sylvestris]
pino *m* silvestre ; pino albar
pine, stone; umbrella pine
[Pinus pinea]
pino *m* piñonero; pino parasol
pine, Swiss mountain
[Pinus mugo]
pino *m* Mugho
pine, maritime
[Pinus pinaster]
pino *m* maritimo; pino larix, pino negral; pino rubial
pineapple
[Ananas comosus]
piña *f*, ananá *f*, piña tropical

pinewood; pine forest; pine grove
pinar *m*
pink
clavellina *f*
pink jasmine
[Jasminum polyanthum]
jazmin *m* de China; jazmin chino
pink trumpet vine
[Podranea ricasoliana]
bignonia *f* rosa; bignonia rosada
pip; seed (eg grapes, orange)
pepita *f*
pipe, plastic
tubo *m* plástico
pistachio; pistachio nut
[Pistacia vera]
pistacho *m*
pistil
pistilo *m*
pith
médula *f*
plan, to
planear *v*
plane tree
[Platanus acerifolia], [Platanus x hispanica Mill]
plátano *m* común; plátano de sombra
plant
planta *f*
• planta de flor tardia = late bloomer; late flowering
plant cover; living soil cover
capa *f* vegetal
plant growth regulator
regulador *m* de crecimiento vegetal
plant holder; flowerpot
tiesto *m*
plant hormone
fitohormona *f*

plant kingdom

plant kingdom; vegetable kingdom
reino *m* vegetal
plant preferring acidic soils
planta *f* acidófila
plant propagation
multiplicación *f* de las plantas
plant stimulant
bioestimulante *m*
plant thriving in lime-rich soil
planta *f* calcicola
plant, to (eg onions,trees); sow,to (seeds)
plantar *v*
plantain tree; banana tree
[Musa x paradisiaca]
bananero *m*; platanero *m*; plátano *m*
• plátano falso = sycamore maple
plantain, common water plantain
[Alisma plantago-aquatica]
llantén *m* de agua; alisima *f*, plantago *m* de agua
plantain, common; greater plantain; rat's tail plantain
[Plantago major]
plátano *m* grande; llanten; llanten mayor
planter; planting machine
plantadora *f*
planting hole; planting pit
hoyo *m* de plantación; hoyo de siembra
planting of vineyard; establishing a vineyard
encepamiento *m*
planting season; planting time
época *f* de plantación
planting; field; plantation
plantación *f*
plastic ground cover (for plants)
acolchado *m* de plástico

plastic sheet
hoja *f* de plástico
• mala de plástico = woven sheet of plastic
plate grafting
injerto *m* de plancha; injerto de placa
pleaching; intertwining; interlaced
entrelazado *m*
pliers
alicate(s) *m(pl)*
plough, to; plow, to; till, to
arar *v*
plough; plow (US)
arado *m*
plum (fruit)
ciruela *f*
plum sawfly
hoplocampa *f* del ciruelo
plum tree
[Prunus domestica]
ciruelo *m*
plump; fleshy; full (of fruit)
carnoso,-sa *adj*
pluvial erosion; rain erosion
erosión *f* pluvial
poinsettia; Mexican flame tree
[Euphorbia pulcherrima]
poinsetia *f*, flor *f* de pascua
pole cactus
[Opuntia subulata]
alfileres *mpl* de Eva
pole pruner
podadora *f* de mango largo
pole saw
serrucho *m* telescópico; sierra *f* de mango largo; sierra *f* de pértiga
pollard, to (a tree); lop, to; cut the top off, to
desmochar *v*

pollard; tree which has been pollarded
arbol *m* desmochado
pollarding; topping
pollarding *m*; desmoche *m*
pollen
polen *m*
pollinate, to
polinizar *v*
pollination
polinización *f*
polyantha rose; shrub rose
rosal *m* polyantha; rosa *m* polyantha; rosal moderno
polythene; polyethylene
polietileno *m*
pomegranate (fruit)
granada *f*
pomegranate tree
[Punica granatum]
granado *m*
pompom; pompon chrysanthemum
crisantemo *m* pompón
pond; pool
charca *f*
pond; pool; small lake; reservoir (eg for irrigation)
estanque *m*
pondweed, water spike; pickerel weed
[Pontederia cordata]
espiga *f* de agua; pontederia *f*
pool, pond; water storage for irrigation
balsa *f*
poplar, black
chopo *m*
poplar, European black
[Populus nigra]
álamo *m* negro

poplar, Lombardy
[Populus nigra "Italica"]
álamo *m* italiano; álamo negro; álamo criolio
poplar, white; white abele
[Populus alba]
álamo *m* blanco
poplar; black Italian poplar; balm of Gilead
[Populus x candicans]
álamo balsámico; chopo *m*
poppy, Californian
[Eschscholzia californica]
amapola *f* de California
pork and beans; jelly bean plant
[Sedum rubrotinctum]
dedos *mpl*; sedo rojo; sedum rojo
post hole
agujero *m* de poste
post-hole digger
barrena *f* de hoyos
post; pole
poste *m*
posy; spray of blossom; bunch of flowers
ramillete *m*
pot bound
confinamiento *m* en maceta; confinamiento en recipiente; confinamiento en tiesto
pot plant; house plant
planta *f* cultivada en un maceta {Col, Ven: mata *f*}
pot plant; potted plant
planta *f* de tiesto
pot shard
tiesto *m*; casco *m*
pot, to
plantar *v* en maceta; enmacetar *v*
potash
potasa *f*

potassium

potassium
potasio *m*
potassium nitrate
nitrato m potásico
potassium sulphate
sulfato *m* potásico
potato
[Solanum tuberosum]
patata *f*, patatas *fpl* {LA: papa *f*, papas *fpl*}
• patata nueva = new potato
potato beetle; Colarado beetle
dorifora *f*
potato beetle; Colarado beetle
escarabajo *m* de la patata {LA: escarabajo de la papa}
potato blight; late potato blight (fungus disease)
[Phytophthora infestans]
tizón de la patata (papa); añubio *m* de la patata (papa); tizón tardio de la patata (papa)
potato blight; potato scab
roña *f* de la patata {LA: roña de la papa}
potato patch; potato field
patatal *m*; patatar *m*
potato vine
[Solanum jasminoides]
solano *m*; falso jazmin *m*; parra *f* de la patata
pothos devil's ivy
[Pothos aureus], [Epipremnum aureum], [Scindapsus aureus]
poto *m*; potos; ecindapso *m*
potting compost; potting soil
abono *m* vegetal; compost *m* para tiestos
pour, to (liquid)
echar *v*

powder blower/ sprayer/ duster; crop duster
espolvoreador *m*
powdery mildew
mildeu *m* polvoriento; mildiu *m* polvoriento; cenicilla *f*, oidio *m*
power driven cultivator
cultivador *m*; cultivadora *f*
prayer plant
[Maranta leuconeura]
maranta *f*, planta *f* de la oración
prepare, to; get ready, to
preparar *v*
press; winepress; oil press
lagar *m*
pressure washer
limpiador *m* de alta presión
previous crop
cultivo *m* precedente; precultivo *m*
prick out, to (seedlings); bed out, to (plants)
repicar *v*
• repicado *m* = pricking out; bedding out
prick out, to (seedlings); bed out, to (plants); replant, to; transplant,to; set, to
replantar *v*; trasplantar *v*
pricking out; planting out; bedding out; transplanting
trasplante *m*; repicado *m*; picado *m*
prickly pear
higo *m* chumbo; higo *m* de tuna
prickly pear cactus
chumbera *f* (see also nopal; tuna)
pride of Madeira
[Echium candicans]
orgullo *m* de Madeira
primula
Primula pulverulenta
primavera *f*, vellorita *f*, primula *f*

purple stripe garlic

[Ligustrm vulgare]
ligustro *m*; alheña *f*; aligustre *m*; matahombres *m*
prop
entibo *m*
prop; post; support
puntal *m*
propagate, to
propagar *v* ; propagarse *v*
propagation
propagación *f*
propagation bed
cama *f* de multiplicación
propagation by cuttings
multiplicación *f* por estacas; estaquillado *m*
propagation by root cuttings
multiplicación *f* por estacas de raiz
property
propiedad *f*
protect, to
proteger *v*
prune
ciruela *f* pasa
prune, to; thin out, to; lop, to
podar *v*
pruning
poda *f*, corte *m*
pruning cycle
ciclo *m* de poda
pruning knife
navaja *f* de podar
pruning loppers
tijeras *fpl* de chapodar
pruning saw
sierra *f* de podar
pruning saw; pruning handsaw
serrucho *m* de poda
pruning; pruning season
poda *f*
pulmonaria; lungwort

[Pulmonaria sacharata]
pulmonaria
pulp (of fruit)
pulpa *f*
pulse; vegetable
legumbre *f*
pulverize, to; crush, to (solids); spray, to; syringe, to (liquids)
pulverizar *v*
pump sprayer
pulverizador *m*
• pulverizador para frutales = orchard sprayer
pump; spray
bomba *f*
pump, irrigation; hosing, spraying pump
bomba *f* riego
pump, submersible
bomba *f* sumergible
pump, to; pump out, to
bombear *v*
pumpkin ; squash; marrow
[Curbita pepo]
calabaza *f*, calabacin *m*   {Per,SC: zapallo *m*}
punnet
barqueta *f*, canastilla *f*
pupa; pupae *pl*
pupa *f*
purple loosestrife
[Lythrum salicaria]
salicaria *f*
purple passion flower; maypop
[Passiflora incarnata]
pasionaria *f* lila; flor *f* de la pasión
purple stripe garlic
ajo *m* purpura
purple willow; purple osier
[Salix purpurea]

pussy ears

sauce *m* púrpura; sauce rubión; sauce verguera
pussy ears; panda plant
[Kalanchoe tomentosa]
orejas *fpl* de gato; planta *f* panda; kalanchoe *m*
put, to; place, to; lay, to; install, to
poner *v*
pyracantha; firethorn
[Pyracantha coccinea]
espino *m* de fuego; piracanta *f*; arbusto *m* ardiente
pyralis; meal moth
[Pyralis farinalis]
polilla *f* parda de la harina
pyrethrum
piretro *m* ; pelitre *m*

Q

quaking aspen; Canadian aspen
[Populus tremuloides]
álamo *m* temblón
queen bee
abeja *f* machiega ;abeja maestra; abeja reina
queen palm; coco palm
[Arecastrum: Syagrus romanzoffiana]
palma *f* de la reina; arecastrum *m*; pindó *m*; palma chirivá; jerivá *f*, coco *m* plumoso;
queen-of-the-night
[Selenicereus grandiflorus]
dama *f* de noche
queen-of-the-night; nightblooming cirrus
[Hylocereus undatas]
dama *f* de noche; pitajaya *f*
quick-release fertiliser

fertilizante *m* de liberación rapida
quicklime
cal *f* viva
quince (fruit)
membrillo *m*
quince tree
[Cydonia vulgaris], [Cydonia oblonga]
membrillero *m*; membrillo *m*
• membrillo = quince (fruit)

R

rabbit
[Oryctolagus cuniculus]
conejo *m*; coneja *f*
rabbit, pet, tame, domestic
conejo *m* domestico
rabbit, young rabbit
gazapo *m*
rabbit-hutch
conejera *f*
radicle; rootlet
radicula *f*, rejo *m*
radish
[Raphanus sativus]
rábano *m*
radish, wild
[Raphanus raphanistrum]
rabanillo *m*; rabanito *m*
radish,winter; black radish
[Raphanus sativus var. niger]
rábano *m* negro
ragwort; groundsel
[Senecio jacobaea]
hierba *f* cana; zuzón *m*; hierba de Santiago
rain gauge; pluviometer
pluviometro *m*
rain, to

llover *v*
• esta lloviendo = it's raining
rain; rainfall
lluvia *f*
• es una zona de mucha lluvia = it is an area of high rainfall
rainbow
arco *m* iris
rainwater
agua *f* (de) lluvia
rake, to (eg leaves); gather, to
recoger *v* con un rastrillo
rake, to; to rake smooth
rastrillar *v*
rake; lawn rake
rastrillo *m*
raking
rastreado *m*
rambler rose
rosa *f* trepadora; rosal *m* trepador
rape; colza
colza *f*
• aceite de colza = rape-seed oil
rapid release fertilizer
abono *m* de liberación rapida
raspberry
frambruesa *f*
raspberry bush; raspberry cane
[Rubus idaeus]
frambueso *m*; frambuesero *m*
rat
rata *f*
rat poison; raticide
ratacida *m* ; matarratas *m*
raven
cuervo *m*
reafforestation
reforestación *f*
reaper; harvester (machine)
cosechadora *f*

reaper (person); harvester (person)
cosechador *m*; cosechadora *f*, segador *m*; segadora *f*
reaping; cutting; mowing; harvesting; harvest time
siega *f*
red cabbage
[Brassica oleracea var. capitata]
col *f* lombarda; col roja; repollo *m* rojo
red cabbage
[Brassica oleracea]
berza *f* lombarda
red garlic
ajo *m* rojo
red pepper
pimiento *m* rojo
red spider mite (fruit tree); common red spider (mite)
araña *f* roja; arañuela *f* roja; ácaro *m* rojo; araña *f* dos frutales   {LA: arañita *f* roja}
red squirrel
[Sciurus vulgaris]
ardilla *f* roja
red-hot poker; torch lily
tritoma *f*, tritomo *m* rojo
regal lily
[Lilium regale]
azucena *f*,
• azucena rosa = belladonna lily
• azucena tigrina = tiger lily
remove moss from, to
quitar *v* el musgo
remove side shoots, to
despampanar *v*; despimpollar *v*; destetillar *v*
remove, to; cut off, to (eg dead flowers)

remove

cortar *v* o quitar *v* las flores marchitas a
remove, to; take away, to
quitar *v*
• quitar con dedos = to pinch out
remove, to; turn over, to; dig up, to (soil)
remover *v*
repellent (device, product)
ahuyentador *m*
repot, to; pot on, to
mudar *v* de tiesto; cambiar *v* de maceta
resin; polyester plastic; epoxy resin; glass fibre composite
resina *f*
rest-harrow; spiny rest-harrow
[Ononis spinosa]
gatuña *f*, abreojos *m*
restoration of land
restauración *f* de terrenos
resurrection plant, rose of Jericho, spikemoss
[Selaginella lepidophylla]
planta *f* de la resurrección; rosa *f* de Jericó; flor *f* de piedra;doradilla *f*
rhubarb
[Rheum officinale];[Rheum palmatum]
ruibarbo *m*
ribbing plough; mouldboard plough
arado *m* de reja
rich in humus
humifero,-ra *adj*
ridge, to
acaballonar *v*
ridge; border; bank of earth
caballón *m*
ridging rake
rastrillo *m* de caballones

ripe
maduro,-ra *adj*
• poco maduro = underripe, unripe
ripen, to
madurar *v*
ripeness
madurez *f*, sazón *f*, maduracion *f* completa
ripening; mellowing (of fruit); lignification (of branches)
maduración *f*, proceso *m* de maduración
ripening; ripening of grapes
envero *m*
river
rio *m*
rivulet; stream; rill; furrow; ditch
arroyo *m*
road sweeper (vehicle)
máquina *f* barrendera
road sweeper (person)
barrendero,-a *m/f*
road sweeper's broom
escoba *f* de barrendero
rock
roca *f*
rock garden
jardin *m* de rocas; jardin de rocalla ; jardin rocoso
• rocalla = pebbles
rock rose
[Helianthemum]
jara *f*, heliantemo *m*
rock rose; cistus
[Cistus albidus]
jara *f*, jara *f* blanca ; flor de la jara
rocket
[Eruca sativa]
oruga *f*, rúcula *f*, rucola *f*
rod; stick; main stalk
vara *f*

rodent
roedor *m*; roedora *f*
rodenticide; rat poison
rodenticida *m*
rodondo creeper
[Drosanthemum candens]
drosanthemum *m* candens
roller, garden; lawn roller
rodillo *m*; rulo *m*
• rodillo manual = hand garden roller
root (of plant, tree)
raiz *f*
root ball
cepellón *m*
root bound
confinamiento *m* de raiz
root crop
cultivo *m* de tubérculo
root crops
raices plantas *fpl*
root crown; root collar
corona *f* de la raiz
root cutting
estaca *f* de raiz
root graft
injerto *m* de raiz
root out, to; disroot, to
desraizar *v*; desarraigar *v*; {Col: desenraizar *v*}
root stock
portainjerto *m*; patrón *m*
root stock (for grafting)
patrón *m* de raiz
root sucker
raigón *m*
root sucker; shoot
hijuelo *m*
root system
raices *fpl*

root vegetable (eg carrot, sweet potato)
raiz *f* comestible; tubérculo *m* comestible
root vegetables
verduras *fpl* de raiz; hortalizas *fpl* de raiz
root zone; root area
zona *f* de raices
root, bare
raiz *f* desnuda
root, large; thick root; stump
raigón *m*
root, taproot
raiz *f* pivotante; raiz principal; raiz central
rootstock; rhizome
rizoma *m*
rope; cord; line; string
cuerda *f*
rosacea ice plant
[Drosanthemum candens]
drosanthemum *m* candens
rose (flower)
[Rosa]
rosa *f*
rose (of hose or watering can)
roseta *f*
rose acacia
[Robinia hispida]
acacia *f* rosada
rose apple tree
yambo *m*; manzano *m* rosa; cirolero *m* de Malabar
rose bed; rose garden
rosedal *m*; rosaleda *f*
rose chafer; rose beetle
[Macrodactylus subspinosus]
frailecillo; escoriador
rose cotton; cotton rose; confederate rose

rose garden
[Hibiscus mutabilis]
rosa *f* de mayo; hibisco *m*
rose garden; rose-bed
rosaleda *f*; {SC,Mex: rosedal *m*}
rose grower
cultivador *m/f* de rosas
rose, rambler rose
[Rosa]
rosal *m* trepador
rosebay; oleander
adelfa *f*
rosebed
arriate *m* de rosas   {RPI: cantero *m* de rosas}
rosebud
capullo *m* de rosa; pimpollo *m* de rosa
rosebush; rose tree
rosal *m* arbustivo; rosal *m*
rosemary
[Rosmarinus officinalis]
romero *m*
rot; rotteness; decay
podredumbre *f*
rot; rotting; decay
putrefacción *f*
• putrefacción fungoide = dry rot
• putrefacción húmeda = wet rot
rotary cutting head
cuchilla *f* rotatoria
rotary hoe; rotary cultivator
azadón *m* rotatorio; azada *f* rotativa
rotate crops, to
cultivar *v* en rotación
rotation of crops
rotación *f* de cultivos
rotovate, to
trabajar *v* con motocultor; roturar *v*
Rotovator ®
motocultor *m*; roturadora *f*
rotten (fruit)
podrido *adj*
round-point shovel or spade
pala *f* de punta
row; line; string; drill
hilera *f*
royal fern
[Osmunda regalis]
osmunda *f*; helecho *m* real
rubber
caucho *m*; goma *f*
rubber boots
botas *fpl* de goma
• unas botas = a pair of boots
• un par de botas = a pair of boots
rubber boots; wellingtons
botas *fpl* de agua
rue
[Ruta graveolens]
ruda *f*
rue, goat's
[Galega officinalis]
galega *f*, ruda *f* cabruna
runner bean; scarlet runner bean
[Phaseolus multiflorus], *[Phaseolus coccineus]*
judia *f* verde; judia escarlata; habichuela *f*   {Mex: ejote *m*; RPI: chaucha *f*, Chi: poroto *m*; Ven: vainita *f*}
runner; stolon
estolón *m*
Russian vine
[Fallopia baldschuanica], *[Polygonum aubertii]*
polygonum *m*
rust; blight (rose, cereal)
roya *f*
• leaf rust = roya foliar
rye grass, common

172

vallico *m* perenne; ballico *m* perenne; ray-grass *m* perenne; ray-grass *m* inglés

S

sacking; sackcloth; burlap
arpillera *f*
safety glasses
lentes *mpl* de seguridad
safflower, false saffron
[Carthamus tinctorius]
alazor *m*; azafrán *m* bastardo; cártama *f*
sage, garden
[Saivia officinalis]
salvia *f* real
sage, pineapple; scarlet pineapple
[Salvia elegans]
elegans rutilans
salamander
salamandra *f*
salinity; saltiness
salinidad *f*
salsify; meadow goat's beard
[Tragopogon pratensis]
salsifi *m*; barba *f* cabruna
salvia cistus; sage-leaved cistus
[Cistus salvifolius]
jara *f* de hoja de salvia; jaguarzo *m* morisco ; estepa *f* negra
samara; winged seed (eg of elm, ash)
sámara *f*
sand
arena *f*
sandalwood
[Santalium album]

sándalo *m*
sandfly
jején *m* {SA: jijene *m*}
sandwort
[Arenaria]
arenaria *f*
sandy
arenoso *adj*
• tierra *f* arenosa = sandy soil
• suelo *m* arenoso = sandy soil
sap
savia *f*
sapwood
albura *f*
sarsaparilla
[Smilax aspera]
zarzaparrilla *f*, zarza *f* morisca
savory; summer savory
[Saruteja]
ajedrea *f*
Savoy cabbage
repollo *m* rizado; repollo de Milan; col *f* rizada; col de Milan
saw
sierra *f*
saw, to; saw up, to; saw off, to
serrar *v*; {LA: serruchar *v*}
saw-fly
tentredina *f*, mosca *f* de sierra
saw; handsaw
serrucho *m*
sawbench, sawhorse
caballete *m*; burro *m* (para serrar)
scab (on fruit)
roña *f*
• roña del manzano = apple scab
scab (on fruit)
sarna *f*
• sarna del peral = pear scab

scabious

scabious, scabiosa, pincushion flower
[Scabiosa atropurpurea]
escabiosa *f*; scabiosa *f*
scale
queresa *f* (see also cochinilla)
scale insect; cochineal insect
cochinilla *f*
• cochinilla del olivo = olive scale insect
• cochinilla roja = dictyospermum scale insect
scarifier
escarificador *m*
scent; fragrance; perfume
perfume *m*; fragrancia *f*; aroma *m*
scented; fragrant; perfumed
fragante *adj*; perfumado *adj*
scorch
chamusco *m*; chamusquina *f*
scorpion
escorpión *m*; alacrán *m*
scorpion, Mediterranean
alacrán *m*; escorpión *m* amarillo
scrub; scrubland; rough ground
breña *f*; breñal *m*
scrubland; bush
monte *m* bajo
scuffle hoe; swoe
azada *f* de doble filo
scythe
guadaña *f*
scythe, to; mow, to; cut, to
segar *v* (con guadaña); guadañar *v*
sea buckthorn
[Hippophae rhamnoides]
espino *m* amarillo; espino falso
sea urchin cactus
[Echinopsis]
equinopsis *m*; cacto *m* erizo de mar; cactus *m* globoso; *m*ichoga *f*

seakale
col *f* maritima; col marina
seat; bench
banco *m*
seaweed; alga
alga *f* marina
• alga tóxica = toxic alga
• algas =algae
secateurs
tijeras *fpl* podadoras; tijeras *fpl* de una mano
secateurs; pruner
tijeras *fpl* de podar; tijera poda
• tijera inox poda = stainless steel secateurs
• tijeras de podar extensibles = extendable pruners
secondary pest outbreak
brote *m* de plaga secundaria
seed
semilla *f*
• semillas de girasol = sunflower seeds
• semilla de césped = grass seed
seed (grape, apple etc); pip
pepita *f*; semilla *f*
seed drill
sembradora *f* mecánica
seed merchant
comerciante *m* en semillas; vendedor *m* o vendedora *f* de semillas
seed pod
vaina *f*
seed potato
patata *f* de siembra; patata-semilla *f* {LA: papa *f* para semila}
seed tray
cajón *m* sembrador; caja *f* de semillero; caja de simientes
seed, to; run to seed, to

shed

granar *v*
seed-bed; nursery; hotbed
semillero *m*
seedbed mould or compost
tierra *f* para semilleros
1 seedbed; nursery; 2 mastic; mastic resin; 3 mastic tree
almáciga *f*, almácigo *m*
seedbed; plant nursery
plantario *m*; cama *f* de siembra
seeder (machine); sower (machine)
sembradora *f*
seeder; hand seeder
sembradora *f* de mano
seedless
sin semillas *fpl*; sin pepitas
seedling; plantlet
planta *f* de semillero ; plántula *f* ; plantón *m*
select, to; choose, to
escoger *v*
self heal, all heal
[Prunella vulgaris]
consuelda *f* menor; bruneta *f* vulgar
senna
[Cassia]
sen *m*; sena *f*, casia *f*
senna; flowery senna; Argentine senna
[Senna corymbosa]; [Cassia corymbosa]
casia *f*, rama *f* negra; sen *m* del campo
sensitive to cold
friolero *adj*; friolento *adj*
sentry palm; Kentia palm; paradise palm; thatch-leaf palm
[Howea forsteriana]
kentia *f*, palma *f* del paraiso
sepal

sépalo *m*
separate, to; divide, to; sort, to
separar *v*
separate, to; move away, to
apartar *v*
service tree
[Sorbus domestica]
serbal *m* común ; serbal domestico; sorba *f*
serviceberry; whitebeam berry (fruit)
serba *f*
sesame
[Sesamum indicum]
ajonjolí *m*, sésamo *m*
shade, to
proteger *v* del sol
shade; shadow
sombra *f*
• a la sombra = in the shade
shake, to; shake up, to; stir, to
agitar *v*
shallot
chalote *m*; chalota *f*
sharpen, to; hone, to; make sharp, to
afilar *v*
sharpening stone; grindstone; whetstone
piedra *f* de afilar
shear, to; clip, to; cut, to
cortar *v*
shears, garden; hedge clippers
tijeras *f* para podar setos
shed for cattle; stable; cowshed
establo *m*
shed, large
nave *f*
shed, to (eg leaves, petals)
despojarse *v* de (hojas)

shed

shed; garden shed; outhouse; lean-to
cobertizo *m* {LA: galpón *m*}
shed; hut; tool shed; cabin
cabaña *f*
shelter, to; protect, to
resguardar *v*
sheltered; protected
protegido,-da *adj*
shepherd's purse
[Capsella bursa-pastoris]
bolsa *f* de pastor, pan y quesillo *m*
shoot
brote *m*; vástago *m*; retoño *m*; renuevo *m*
shoot; new shoot
rebrote *m* (see also brote)
shoot; scion; layer; layering
acodo *m*
shoot; sucker
serpollo *m* (see also brote)
short shoot
darbo *m*; lamburda *f*
short, sharp shower
aguarrada *f*
shot-hole of stone fruit trees
cribado *m* (de las hojas); mal *m* de munición; perdigonada *f*
shovel (hand); trowel
palita *f* de jardin
shower; downpour
aguacero *m*
shred, to; pulverize, to
triturar *v*
shredder (machine); crusher
trituradora *f*
shredder for vegetation
biotrituradora *f*
shrew; shrewmouse
musaraña *f*
shrub; bush

arbusto *m*
• arbustos = shrubbery
sickle
hoz *f*
sickle; hand scythe; reaping scythe
guadaña *f* para cereales
side shoot; lateral shoot
falso brote *m*
sieve
tamiz *m*; harnero *m*
sieve, to; screen, to
cribar *v*
sieve; screen
criba *f*
silk tree
[Albizia julibrissin]
albizia *f*, acacia *f* de Constantinopla; árbol *m* de la seda
silt; mud; slime
limo *m*
silver fir
[Abies alba]
abeto *m* común; abeto plateado; abeto blanco
silver wattle
[Acacia dealbata]
mimosa *f* fina; mimosa
sit-on lawn mower
tractor *m* cortacésped
site analysis
análisis *m* del lugar
skirret, chervin
[Sium sisarum]
escaravia *f*
slaked lime
cal *f* muerta; cal apagada
sleepy mallow
[Malvaviscus arboreus]
malvavisco *m*; falso *m* hibisco
sloe (fruit)

endrina *f*
sloe; blackthorn
[Prunus spinosa]
endrino *m*; espino *m* negro
slope; bank; talus
talud *m*
slope; hill
cuesta *f*
slope; incline
pendiente *f*
slow release fertilizer
abono *m* de liberación lenta; fertilizante *m* de liberación lenta
slowworm
lución *m*
slug
babosa *f*, babaza; limaco *m*
slug pesticide; metaldehyde
metaldehido *m*
small shovel; small spade; builder's trowel
palustre *m*
small garden trowel; small pointing trowel
paletín *m*
small wood; thicket; grove
boscaje *m*
small-leaved lime/linden
[Tilia cordata]
tilo *m* de hojas pequeñas; tilo silvestre
smallage; wild celery
apio *m* silvestre
smallholding; small farm
minifundio *m*
 • finca = farm or smallholding with a house
 • pacela *f* = plot of land; smallholding without a house
snail; garden snail
caracol *m*

sodium chlorate

snake plant; mother-in-law's tongue
[Sansevieria trifasciata]
sansevera *f*, lengua *f* de tigre; rabo *m* de tigre; lengua de suegra
snake; serpent
culebra *f*, serpiente *f*, (poisonous) vibora *f*
snapdragon, antirrhinum
[Antirrhinum majus]
boca *f* de dragón
snow
nieve *f*
snow, to
nevar *v*
snow-on-the-mountain; snow-in-summer
[Euphorbia marginata]
euforbia *f* blanca
snowdrop
[Galanthus nivalis]
campanilla *f* de las nieves; campanilla de invierno
snowfall
nevada *f*
snowy woodrush
[Luzula nivea]
luzula *f*
soak, to
remojar *v*
soap aloe; African aloe
[Aloe saponaria]
pita *f* real
soapwort
[Saponaria officinalis]
saponaria *f*, jabonera *f*
society garlic
[Tulbaghia violacea]
tulbaghia *f*
sodium chlorate (a weed killer)
clorato de sodio; clorato sódico

soft fruit
bayas *fpl*
soft rot
pudrición *f* suave
soft shield fern
[Polystichum setiferum]
helecha *f*, pijaro *m*
softwood
madera *f* blanda
soil acidity
acidez *f* del suelo
soil analysis
análisis *m* del suelo
soil conditioner
enmienda *f* del suelo; acondicionador *m* de suelos; mejoramiento *m* del suelo
soil, heavy
suelo *m* pesado
soil improver
mejorador de suelo
soil preparation; ground preparation
preparación *f* del suelo
soil science
ciencia *f* del suelo
soil texture
textura *f* del suelo
soil; topsoil
tierra *f* vegetal
solar light (for garden)
luz *f* solar
Solomon's seal
[Polygonatum officinale]
sello *m* de Salomón; poligonato *m*
sooty mould, black
fumagina *f*, negrilla *f*
sorghum; Indian millet
sorgo *m*; zahina *f*
sorrel; garden sorrel
[Rumex acetosa]
acedera *f*, acedera común
sort, to; sort out, to; classify, to
clasificar *v*
sour cherry; morello cherry tree; mazzard cherry tree
[Prunus cerasus]
guindo *m*; cerezo *m* acido; cerezo de morello
sour; acid (eg fruit, wine, soil)
acido *adj*; agrio *adj*;
sow, to; seed, to
sembrar *v*
• sembrar un campo de cebada = to seed a field with barley
sowbread
[Cyclamen hederifolium]
ciclamen *m*
sower (person)
sembrador *m*; sembradora *f*
sowing; seeding; sowing season
siembra *f*, sementera *f*
• patata de siembra = seed potatoe
sown field
sembrado *m*
soya bean
frijol *m* de soja
soybean
[Glycine max]
soja *f*
spacing between the vines
distancia *f* entre vides; distancia de cepa a cepa
spade: shovel
pala *f*
• pala cuadrada = square shovel
spade; draining spade; fork
laya *f*
• laya de puntas = garden fork
Spanish bayonet
[Yucca aloifolia]

yuca f pinchuda; yuca pinchona; bayoneta f española
Spanish bluebell
[Brimeura amethystina]
jacinto m pirenaico
Spanish broom
[Spartium junceum], [Genista juncea]
retama f de olor ; gayomba f, gallomba f
Spanish cedar
[Cedrela odorata]
cedro m, cedro español; cedro oloroso
spatula; palette knife
espátula f
spearmint
[Mentha spicata]
menta f verde
species
especie f
speckled; spotted
moteado,-da *adj*
speedwell; veronica
[Veronica officinalis]
verónica
spider
araña f
spider lily; Peruvian daffodil
[Hymenocallis festalis]
lilium m de araña; narciso m de verano
spider plant
[Chlorophytum comosum]
cinta f
spider's web; cobweb
telaraña f, tela f de araña
spiderwort
[Tradescantia zebrina], [Zebrina pendula]
zebrina péndula; tradescantia

spike; ear (of grain)
espiga f
spikelet; spicule
espiguilla f
spinach
[Spinacia oleracea]
espinaca f
spindle tree; Japanese euonymus
[Euonymus japonicus]
evónimo m; bonetero m del Japón; evónimo del Japón
spineless giant yucca
[Yucca elephantipes]
yuca f pie de elefante; yuca fina; izote m; yuca gigante
spiny rest-harrow
[Ononis spinosa]
gatuña f
spirea; Reeve's spirea; double bridal wreath
[Spiraea cantoniensis]
corona f de novia; espirea f del Japón; espirea; coronita de novia
split; crack (eg in tree trunk)
hendidura f, hendedura f
spore
espora f
spot; mark; stain
mancha f
• manchas en las hojas = spots on the leaves
spray
rociada f
spray of flowers; twig
ramita f
spray, to; pulverize, to; crush, to
pulverizar v
sprayer; hand sprayer; syringe
pulverizador m

179

spread
- pistola *f* pulverizadora = pistol nozzle type sprayer
- boquilla *f* pulverizadora = spray nozzle type sprayer

spread, to (eg seeds, sand)
esparcir *v*
spread, to
extender *v*
spreader
esparcidor *m*
spreader (fertilizer)
esparcidora *f* de abono
spreading with compost; distribution of vegetable mould to ground
abonado *m* con mantillo
spring (season); primrose
primavera *f*
- en primavera = in (the) spring

spring beetle; click beetle
elátero *m* del trigo; elatérido *m*
spring onion; chive
cebolleta *f*, cebollina *f*, cebollino *m*; cebolla *f* verde
spring water, spring
agua *f* de manantial
- agua manantial = running water; flowing water

spring; source (eg of river)
fuente *f*
sprinkle, to; spray, to
rociar *v*
sprinkler, garden
aspersor *m*
sprinkler, impulse
irrigador *m* de impulso
sprinkler, revolving; rotating sprinkler
irrigador *m* giratorio
sprinkler; watering can
rociadera *f*
- rociar *v* = to sprinkle

sprout, to; begin to grow, to (eg plant)
echar *v*
spruce, Canadian red
[Picea rubra], [Picea rubens]
pícea *m* roja de Canada
spruce, Norway; Christmas tree
[Picea abies]
picea *f* de Noruega; abeto *m* falso; abeto rojo ; árbol *m* de Navidad
spur
pulgar *m*; espolón *m*
spur flower
[Plectranthus neochilis]
Plectranthus neochilis
spur pruning
poda *f* de fructificación
square-point shovel or spade
pala *f* cuadrada
squill, seasquill; sea onion; red squill
[Scilla maritima], [Urginea maritima]
escila *f*
squinancywort
[Asperula cynanchica]
hierba *f* de la esquinancia, asperula *f*, hierba tosquera
squirrel
ardilla *f*
St. John's Wort
[Hypericum perforatum]
hierba *f* de San Juan; hipérico *m*
stable
cuadra *f*
stack hay, to
almiarar *v* el heno
stack hay, to; bind in sheaves, to
agavillar *v* el heno

stag beetle
ciervo *m* volante; ciervo volador
stagnant
estancado,-da *adj*
• agua estancada = stagnant water
stake, to; prop up, to (eg vines)
tutorar *v*; entutorar *v*; rodrigar *v*
stake, to; prop vines with stakes
enrodrigonar *v*
stake, to; stake out, to
estacar *v*; estaquear *v* (see also tutorar)
stake; prop
tutor *m*
stake; prop (plant support); vine-prop; beanpole
rodrigón *m*
stake; post
estaca *f*
staking
rodrigazón *f*
stalk; stem
pedículo *m*; pedúnculo *m*; rabillo *m*; cabillo *m*
stalk, main; main stem (of flower)
vara *f*
stamen
estambre *m*
standard (tree)
árbol *m* de tronco alto
standard rose
rosal *m* de pie alto
star anise; Chinese anise
[Illicium anisatum]
anis *m* estrellado, anis de china, badiana *f*
starch
almidón *m*
start, to (eg motor)

arrancar *v*
steel
acero *m*
steel, stainless
acero *m* inoxidable
stem (of plant); stalk; blade (eg of grass)
tallo *m*   {LA: tallos = vegetables, greens}
1 step (eg of ladder); 2 harrow
grada *f*
• grada de disco = disk harrow
• grada de mano = hoe; cultivator
stepladder; pair of steps
escalera *f* de tijera
• escalera de tijera 5 peldaños = 5-step stepladder
• escalera doble = double-sided ladder; stepladder
1 steppe; 2 rockrose
estepa *f*
stimulate, to; encourage to
estimular *v*
stinging nettle
[Urtica dioica]
ortiga *f* mayor
stoat (brown); ermine (white)
armiño *m*
stock
[Matthiola]
alheli *f*
stock; rootstock; stock-vine
portainjerto *m*; patrón *m*; patrón de raiz
stone (of fruit)
hueso *m*; cuesco *m*   {SC: carozo *m*; Col: pepa *f*}
stone; pebble
piedra *f*, piedricita *f*, guijarro *m*; canto *m*   {LA: piedrita *f*}
• canto rodado = pebble

stonecrop

• casas de piedra = stone houses
stonecrop
[Sedum]
siempreviva *f*
stony (eg ground)
pedregoso *adj*
stony ground; rocky ground
pedregal *m*
storm
tormenta *f*; tempestad *f*, temporal *m*
straw
paja *f*
straw mat
estera *f* de paja; esterilla *f*
strawberry
[Fragaria ananassa]
fresa *f*, fresón *m*
• campo de fresas = strawberry field
strawberry bed; strawberry field
fresal *m* {Bol: frutilla *f*, Chi: frutillar *m*}
strawberry black spot
antracnosis *f* del fresón; manchas *fpl* negras del fresón
strawberry tree
[Arbutus unedo]
madroño *m*
strawberry, alpine
[Fragaria alpina]
fresa *f* alpina
strawberry plant, long-stem
fresón *m*
strim, to; clear vegetation, to; weed, to
desbrozar *v*
strimmer
desbrozadora *f*, motoguadaña *f*, cortahierbas *f*
string of onions/ garlic
ristra *f* de cebollas/ ajos

string; cord; line
cordel *m* {Mex: mecate *m*}
• a cordel = in a straight line
strip plot; narrow plot
huerto *m* estrecho
strip, to; to destalk; destem, to
despalillar *v*; descobajar *v*
stripping; destalking
despalillado *m*
stromanthe
[Stromanthe sanguinea]
estromante *m*
stub (eg of a branch)
tetón (see also tocón)
stubble
rastrojo *m*
stump (eg tree); stock; vine stem or stock
cepa *f*
• cepa de vid = vine stock
stump grinder
trituradora *f* de tocones
stump; tree stump; stub
tocón *m*
stump; truncation
tronca *f* (see tocón)
stunted (eg tree); weak; feeble
raquitico,-ca *adj*
stunting; dwarfism
enanismo *m*
subsoil
subsuelo *m*
subsoiling; subsoil tillage
subsolado *m*
substrate; substratum; plant compost
substrato *m*
succulent
planta *f* crasa; crasa *f*
succulent (plant)

suculenta *f*, planta *f* suculenta
succulent (plant)
planta *f* carnosa
sucker
mamón *m*
sucker; shoot
chupón *m*
sucker; shoot (of plant); sapling; bud
pimpollo *m*
sugar beet
[Beta vulgaris var]
remolacha *f* azucarera {Mex; betabel *m* blanco}
sugar cane
[Saccharum officinarum]
caña *f* de azúcar; caña dulce
sulphur;sulfur
azufre *m*
sumac, smooth sumac, sumach
[Rhus glabra]
zumaque *m*; sumaque *m*
summer
verano *m;* estio *m*
• en (el) verano = in (the) summer
summer pruning
poda *f* en verde; poda de estio
summer snowflake; Loddon lily; bellflower
[Leucojum aestivum]
campanilla *f*, campanillas de primavera
summerhouse; arbour; bower
cenador *m*
sun lounger; garden lounger; deck chair
tumbona *f*
• tumbona con ruedas = sun lounger, with wheels
sun; sunshine; sunlight
sol *m*

sweet chestnut

sundew; round-leaved sundew
[Drosera rotundifolia]
rocio *m* de sol; rosoli *m*; drosera *f*
sunflower (annual)
[Helianthus annus]
girasol *m* {Chi: maravilla *f*}
• semilla de girasol = sunflower seed
sunny
soleado,-da *adj*
sunshine
sol *m*
superphosphate of lime; calcium superphosphate
superfosfato *m* cálcico
supporting soil; substrate; substratum
sustrato *m*
surface water
aguas *fpl* superficiales
swamp; marsh
ciénaga *f*
swarm (eg of insects)
enjambre *m*
swede; Swedish turnip; rutabaga
[Brassica napus]
nabo *m* sueco; rutabaga *m*; nabo de mesa
sweep, to; sweep up, to
barrer *v*
sweet alyssum
[Alyssum maritimum],[Lobularia maritima]
aliso *m* maritimo; canastillo *m* de plata
sweet chestnut (nut)
castaña *f*
sweet chestnut (tree)
[Castanea sativa]

sweet pea
castaño *m*
sweet pea
[Lathyrus odoratus]
guisante *m* de olor
sweet pea shrub; milkwort
[Polygala dalmaisiana]
poligala *f*
sweet potato
[Ipomoea batata]
boniato *m*; batata *f*, papa *f* dulce; patata *f* dulce {Mex: camote *m*}
swelling; blister
hinchazón *f*
swimming pool
piscina *f* {Mex: alberca *f*, RPl: pileta *f*}
• piscina climatizada = heated swimming pool
Swiss chard; silver beet; spinach beet; mangold
[Beta vulgaris var cicia]
acelga *f*, acelgas *fpl*
Swiss cheese plant; ceriman; Mexican breadfruit
[Monstera deliciosa]
costilla *f* de Adan; monstera *f*, cerimán *m*; piñanona *f*
sycamore (maple)
[Acer pseudoplatanus]
arce blanco, arce m sicómoro; also plátano *m*
systemic
sistémico *adj*
systemic fungicide
fungicida *m* sistémico

T

take out, to; remove, to
quitar

take root, to
echar *v* raices
take root, to (eg cutting)
prender *v*
tamarind tree
[Tamarindus indica]
tamarindo *m*
tamarisk
[Tamarix tetrandra]
tamarisco *m*; tamariz *m*; tamariz de primavera
tamarisk; tamarix; French tamarisk
[Tamarix gallica]
tamarisco *m*; tamariz *m*
tank; water-tank; cistern
cisterna *f*
tannin
tanino *m*
tapered
ahusado,-da *adj*
tapered; tapering; sharp; keen; thin
afilado,-da *adj*
tarragon
[Artemisia dracunculus]
estragón *m*
Tasmanian cider gum
[Eucalyptus gunnii]
eucalipto *m* sidra
tawny owl
cárabo *m*
tea plant, green tea
[Camellia sinensis], [Thea sinensis]
té *m* verde; té chino
• té negro = black tea
teasel
[Dipsacus fullonum]
cardencha *f*
teaspoon

thyme

cucharilla *f*, cucharita *f*
• cucharadita = teaspoonful
tegument; seed coat
tegumento *m*
telescopic secateurs/ pruner
tijera *f* dos manos telescópico
tendril
zarcillo *m*
tendril; small bunch of grapes; vine shoot
pámpano *m*
tensiometer
tensiómetro *m*
tenweeks stock; gillyflower
[Matthiola incana]
alheli *m* de invierno; alheli encarnado; alheli cuarenteno
termite
termita *m*; hormiga *f* blanca
terrace, to
formar *v* terrazas en; construir *v* terrazas
terrace; balcony
terraza *f*
terracing (eg of arable land)
aterrazamiento *m*
texture
textura *f*
thaw
deshielo *m*
thermometer
termómetro *m*
1 thicket; 2 field; plot
matas *fpl*
thicket; brushwood; scrub
matorral *m*; matorrales *mpl*
thin out, to; single, to
entresacar *v* {Mex: arralar *v*}
thin, to; thin out, to
aclarear *v*; aclarar *v*; ralear *v*
thinning; thinning out (plants)

aclareo *m*; entrasaca *f*, entresaque *m*; raleo *m*;
• aclareo de la copa = crown thinning (of tree)
• entresaca de la copa = crown thinning
thistle
[Cirsium vulgare]
cardo *m*
thistle; giant sea holly; Miss Willmott's ghost
[Eryngium giganteum]
cardo *m* corredor
thorn
espina *f*
thorn apple; datura
[Datura stramonium]
estramonio *m*
thornless
sin espinas *adj*; falto de espinas *adj*
thorny broom; spiny broom
[Calicotome spinosa]
aulaga *f*, aulaga espinosa; aulaga negra; aliaga *f*
thorny; prickly
espinoso,-sa *adj* {Chi: espinudo,-da *adj*}
three-pronged hand rake, small
rastrillo *m*, tres dientes plastico
thrips
trips *m*
thrush
zorzal *m*
thuja; Chinese thuja; Chinese arbor-vitae; biota
[Thuja orientalis]
tuya *f* oriental; biota *f*, árbol *m* de la vida
thyme
[Thymus vulgaris]
tomillo *m*

tick

tick
garrapata *f*; caparra *f* (pop)
tickseed
[Coreopsis]
coreopsis
tie, to (eg vines); tie up, to
atar *v* (eg las vides)
tie; fastening
atadura *f*
tiger flower, peacock flower; shellflower
[Tigridia pavonia]
flor *f* de tigre; flor un día; tigridia *f*
tiger lily
[Lilium lancifolium]
lirio *m* lancifolium
tilling; ploughing soil (arable land)
trabajo *m* del suelo
toad
sapo *m*
toadflax
[Linaria vulgaris]
linaria *f*
tobacco plant
[Nicotiana tabacum]
tabaco *m*; tabaco de montaña
tobacco plant, white scented
[Nicotiana alata]
planta *f* del tabaco
tomato
[Lycopersicum esculentum], *[Solanum lycopersicum]*
tomate *m*; tomatera {Mex: jitomate *m*}
tomato leaf spot
niebla *f* seca del tomate; manchas *fpl* de las hojas del tomate
tool; implememt; set of tools
herramienta *f*
tools; equipment
herramientas *fpl*; útiles *mpl*; utensilios *mpl*
• herremientas de jardineria = garden tools
• utensilios de jardineria = garden tools
toolshed
cobertizo *m* para herramientas
top graft, to
reinjertar *v*
top shoot; terminal shoot
brote *m* terminal
topiary
arte *m* de recortar los arbustos en formas de animales etc
topsoil
capa *f* arable; capa superior; capa superficial del suelo (see also mantillo)
tormentil
[Potentilla erecta]
tormentila *f*; siete *m* en rama
torrential (rain)
torrencial *adj*
trace element
oligoelemento *m*
tractor
tractor *m*
tractor-driven lawnmower; sit-on lawnmower
tractores cortacésped
trailer
remolque *m*; tráiler *m*
trailer spreader (of manure)
esparcidora *m* (de estiércol)
train, to (plant); guide, to
guiar *v* (see also dirigir)
training
formación *f*
transplant; transplanting
trasplante *m*

trap; snare
trampa *f*, cepo *m*
treatment with mould (plant, ground)
abonado *m* con mantillo
tree
árbol *m*
tree borer; tree driller
taladro *m* de troncos y ramas
tree heath
[Erica arborea]
brezo *m* blanco
tree pruner
podadera *f* de árboles
tree spade (mechanical); planter
trasplantadora *f* mecánica
tree-lined
bordeado *adj* de árboles; arbolado *adj*
trellis (for plants); grating; railing (balcony)
enrejado *m*
trellis (for plants); latticework
celosia *f*
trellis, espalier
espaldera *f*
trellis, to; fix grating to a window, to; fence, to
enrejar *v*
trellised
enrejado *adj*
triennial
trienal *adj*
trim, to (roots)
desbarbar *v*
trimmer; edge trimmer
podadora *f* de bordes
trolley, sack (aluminium)
carretilla *f* de aluminio
trowel
desplantador *m*
trowel, plastic
transplantador *m* plastico
trowel; spoon
cuchara *f*
truffle
[Tuber brumale]
trufa *f*
trumpetbush, yellow; yellow elder; yellow bells
[Tecoma stans]
bignonia *f* amarilla; roble *m* amarillo; trompeta *f* de oro
trunk (of tree)
tronco *m*
tub; small cask
cubeta *f*
tube flower; iochroma
[Iochroma cyanea]
iochroma *f*
tuber; tubercle
tubérculo *m*
tuberous
tuberoso,-sa *adj*
tulip
tulipán *m*
tulip tree
[Liriodendron tulipifera]
tulipero *m*; tulipifero *m* americano; tulipanero *m*
turf (single); sod
tepe *m*
turf, to; sod, to
encespedar *v*; cubrir *v* con césped; colocar tepes en
turmeric
[Curcuma longa]
cúrcuma *f*, azafrán *m* de la india
turn, to; revolve, to; rotate, to
girar *v*
turn over, to; dig over, to; come back, to; return, to
volver *v*

turnip

turnip
[Brassica campestrii rapa]
nabo *m*
turnip sawfly
falsa oruga *f* de los nabos
turnip, type of
nabicol *m*
twig
rama *f* pequeña; ramita *f*
twin furrow plough
arado *m* bisurco; arado de dos rejas
twine; string
bramante *m*
twine, to (eg plant)
enroscarse *v*
twining plant; volubilate plant
planta *f* enredadera; planta voluble
two-pronged fork and hoe
binadera *f*
tying (of vines);
atado *m* (de las vides)
• atar las vides = to tie the vines
type of soil
tipo *m* de suelo

U

umbellate;weeping; hanging
umbelífero,-ra *adj*
umbrella sedge; umbrella plant
[Cyperus involucratus]
cipero *m*; paraguas *m*
uncultivated ground; wasteland
tierra *f* yerma; baldio *m*
undergrowth
sotobosque *m*
undergrowth; weeds; brushwood
maleza *f*

undershrub
undershrub *m*
ungrafted tree; maiden tree
franco de pie
universal insecticide; general insecticide
insecticida *m* universal
unripe; not ripe; green
verde *adj*
uproot, to; pull up, to
arrancar *v* de raiz; desarraiger *v*
urn plant; silver vase plant
[Aechmea fasciata]
aecmea *f*; piñuela *f*
use, to; make use of, to
usar *v*

V

valerian
[Valeriana officinalis]
valeriana *f*
vanilla plant
[Vanilla planifolia]
vainilla *f*; bejuqullo *m*; vainillero *m*
variegated croton
[Codiaeum variegatum]
croton *m*; crotos *mpl*; croto *m*
variegated; multi-colo(u)red
abigarrado *adj*; multicolor *adj*
variety
variedad *f*
• variedad resistente = resistant variety
vegetable
hortaliza *f*; verdura *f*
• hortilizas = vegetables; garden produce
vegetable farming; vegetable growing

cultivo *m* de hortalizas; cultivo de verduras
vegetable garden; market garden; orchard
huerta *f*
vegetable grower
hortelano *m*; huertano *m* {Arg: quintero}
vegetable growing under glass
cultivo *m* de hortalizas bajo cristal
vegetable kingdom
reino *m* vegetal
vegetable plot; vegetable patch
huerto *m*; huerta *f*
vegetable seed
semillas *fpl* de hortalizas
vegetables (green); greenery; verdure
verdura *f*
Venus's navelwort
[Omphalodes linifolia]
alfeñique *m*
vermiculite
vermiculita *f*
vermifuge; anthelmintic
vermifugo *m*
vervaine; verbena
[Verbena officinalis]
verbena *f*
vetch; tare
arveja *f*, veza *f*
viburnum; laurustinus
[Viburnum tinus]
viburno *m*; durillo *m*; laurentino *m*; barbadija *f*
victory plant; goat's-horns
[Cheiridopsis candidissima],
[Cheiridopsis denticulata]
cheiridopsis *m*
view; panoramic view
vista *f*

vine cutting
estaca *f* de vid
vine leaf
hoja *f* de la vid
vine leaf
pámpana *f*
vine nursery
vivero *m* para vides
vine shoot; vine stock
sarmiento *m*
vine variety; grape variety; vine stock
variedad *f* de cepa
vine-grower; viticulturist
viticultor *m*; viticultora *f*
vine-growing; viticultural; grape-growing
viticola *adj*
vine; grape vine
[Vitis vinifera]
vid *f*
vine; ornamental vine; vitis; purpleleaf grapevine
[Vitis vinifera 'Purpurea']
uva *f*, uva de mesa
vineyard
viña *f*, viñedo *m*
• un terreno plantado de viñas = a field planted with vines
vintner; wine merchant
viñatero *m*; viñatera *f*
violet, pansy, marsh blue violet
[Viola cucullata]
violeta *f* común
viper's bugloss
[Echium vulgare]
viborera *f*, buglosa *f*
virus
virus *m*
viticulture; viniculture; vine growing

Voss's laburnum

viticultura *f*; cultivo *m* de la vid
Voss's laburnum
[Laburnum x waterei "Vossii"]
codeso *m*; laburno *m*

W

wallflower
[Cheiranthus]
alhelí *m*
walnut (nut)
nuez *f*
walnut tree, black
[Juglans nigra]
nogal *m* negro; nogal americano
walnut tree; walnut wood
[Juglans regia]
nogal *m* común
wart disease (of potatoes); black scab
sarna *f* negra de la patata; sarna verrugosa   {LA: verruga *f* de la papa}
wasp
avispa *f*
wasp's nest
avispero *m*
wasteland
yermo *m*
water, to; sprinkle, to; spray, to (lawn etc)
regar *v*
water butt
barril *m* para agua; tina *f* para agua
water buttercup
[Ranunculus aquatilis]
ranúnculo *m* acuático; ranúnculos de agua; cancel *m* de las ninfas
water chestnut
[Trapa natans]
castaña *f* de agua
water figwort
[Scrophularia auriculata]
escrofularia *f*
water forget-me-not
[Myosotis scorpoides]
miosotis *f* palustre; miosotis *f* de agua; nomeolvides *m* acuatico
water garden
jardin *m* acuático
water hyacinth
[Eichornia crassipes]
jacinto *m* acuático; jacinto de agua
water mint; marsh mint
[Mentha aquatica]
menta *f* de agua
water parsnip
[Berula erecta]
palmita *f* de agua
water pump
bomba *f* para agua; bomba de agua
water rat; water vole
rata *f* de agua
water table
nivel *m* freático
water violet
[Hottonia palustris]
violeta *f* palustris; violeta de agua
water vole
campañol *m*
water-lily
nenúfar *m*
watercress
[Nasturtium officinale]
berro *m*; mastuerzo *m* de agua
waterfall; cascade
cascada *f*; salto *m* de agua
watering can
regadera *f*

white garlic

watering; sprinkling; spraying (lawn etc)
riego *m*
• sistema de riego = watering system
waterlogged ground
suelo *m* encharcado
waterlogged; sodden (eg land, soil); flooded
anegado *adj*; inundado *adj*
watermelon
sandia *f*
wax
cera *f*
• cera de abeja = beeswax
weasel
[Mustela nivalis]
comadreja *f*
weather; time
tiempo *m*
wedge
cuña *f*, calza *f*
weed
mala hierba *f*, hierbajo *m*   {LA; maleza *f*, Arg: yuyo *m*}
weed, to
sacar *v* las malas hierbas; desherbar *v*; desyerbar *v*; deshierbar *v*
weed, to; hoe, to
escardar *v*; carpir *v*   {LA: desmalezar *v*}
weeder (hand or mechanical)
desyerbador *m*
weeding
escarda *f*, escardadura *f*, deshierbo *m*; desyerbo *m*; carpida *f*, desherbaje *m*   {LA: desmalezado *m*}
weeding hoe
carpidor *m*; carpidora *f*, escardador *m*

weeding machine; weeder
escardadera *f*, escardadora *f*, desyerbadora *f*
weeds
malas hierbas; plantas *fpl* adventicias
weeping rose
rosal *m* llorón
weeping willow
[Salix babylonica]
sauce *m* llorón; sauce *m* pendulo
weevil; snout beetle; grub
gorgojo *m*
weigh, to; be heavy, to
pesar *v*
weld; dyer's rocket
[Reseda luteola]
gualda *f*
well (eg for water); shaft
pozo *m*; aljibe *m*
• pozo de riego = well used for irrigation
wet rot
pudrición *f* húmeda; putrefacción *f* húmeda; podredumbre *f* de la madera causada por un hongo
wheat field
trigal *m*
wheat; durum wheat
[Triticum aestivum]
trigo *m*; trigo candeal
wheel
rueda *f*
wheelbarrow
carretilla *f*
• carretilla de mano = handcart; barrow
white cabbage
col *f* blanca
white garlic
ajo *m* blanco

white grub

white grub (cockchafer larva)
gusano *m* blanco (larva del abejorro)
white hellebore; European hellebore
[Veratum album]
eléboro *m* blanco; vedegambre *m*
white root rot
podredumbre *f* de la raiz; mal *m* blanco de las raices
white rot
pudrición *f* blanca
white rot of onion, garlic, etc
mal *m* del esclerocio de los ajos; podredumbre *f* blanca del ajo
white willow; silver willow
[Salix alba]
sauce *m* blanco; sauce plateado
whitebeam, common
[Sorbus aria]
mostajo *m*; serbal *m* morisco; serbal blanco
whitefly (greenhouse)
pulgón *m* blanco; mosca *f* blanca; mosquita *f* blanca de los invernaderos
wild boar
[Sus scrofa]
jabali *m*; jabalina *f*
wild boar, young
jabato *m*
wild candytuft
[Iberis amara]
carraspique *m*
wild cherry tree ; sweet cherry; gean
[Prunus avium]
cerezo *m*
 • cereza silvestre = wild cherry (fruit)
wild olive tree

acebuche *m*
wild pear
[Pyrus pyraster]
peral m silvestre
wild rose; briar; hip; rosehip
escaramujo *m*
wild strawberry
[Fragaria vesca}
fresa *f* silvestre
willow
[Salix]
sáuce *m*
willow; crack willow
[Salix fragilis]
sauce *m* frágil; mimbrera *f*, bardaguera *f*
wilt, to (flower); wither, to; fade, to
marchitar *v*; marchitarse *v*
wilt; fading; withering
marchitamiento *m*
wind erosion
erosión *f* eólica
wind; breeze
viento *m*
windbreak
barrera *f* contra el viento; cortavientos *m inv*; quebrado *m* por viento
windbreak (for plants)
pantalla *f* cortavientos
windbreak; shelter
abrigada *f*
windfall (fruit)
fruta *f* caida; fruta caediza
windmill palm; chusan palm
 [Trachycarpus fortunei]
palmito *m* elevado; palma *f* o palmera de fortune; palmito de pie
window box; flower bed; jardinière

jardinera *f*
wine grape
uva *f* de vinificación; uva vinificable
winegrower; vineyard worker
viñador *m*; viñadora *f*
winter
invierno *m*
• en invierno = in (the) winter
winter cabbage
repollo *m* de invierno
winter cherry; bladder cherry; Chinese lantern; strawberry ground cherry
[Physalis alkekengi]
farolillo *m* chino; corazoncillo *m*; alquequenje
winter garden; conservatory
jardin *m* de invierno
winter jasmine
[Jasminium nudiflorum]
jazmin *m* de invierno
winter pruning
poda *f* en seco; poda de invierno
winter savory
ajedrea *f* ; hisopillo *m*
winter season; hibernation
invernada *f*
winter, to
invernar *v*; pasar *v* el invierno
winter; wintry
invernal *adj*
wintergreen
[Gaultheria procumbens]
ebúrnea *f*, gaulteria *f*
wintering (eg of plants under cover); winter season
invernada *f*, invernación *f*
wire
alambre *m*
• alambre de púas = barbed wire

wire fence; wire fencing; wire netting; chain-link fence
alambrada *f*   {LA: alambrado *m*}
• alambrada de espino = barbed wire fence
wire netting; wire mesh; wire fencing
tela *f* metálica; malla *f* metálica {RPl: tejido *m* metalico;Col: anjeo *m*}
wireworm
gusano *m* de elaterido; gusano del alambre; doradilla *f*
witch hazel tree; Virginia witch hazel
[Hamamelis virginiana]
hamamelis; hamamélide *f* de Virginie; avellana de bruja
witch's broom (tree disease)
escoba *f* de brujas
woad plant
glasto *m*; hierba *f* pastel
wolf
lobo *m*; loba *f*
wolf cub
lobato *m*; lobata *f*
wood saw; handsaw; saw
serrucho *m*; sierra *f*
wood sorrel
[Oxalis acetosella]
aleluya *f*
wood spurge
[Euphorbia amygdaloides]
lechetrezna *f* de bosque
wood; glade; grove; beauty spot
floresta *f*
wood; timber
madera *f*
woodlice killer
anticochinillas

woodlouse

woodlouse; scale insect; cochineal insect
cochinilla f
woodworm
carcoma f, polilla f de la madera
woody
lenoso,-sa adj
woolly grape scale
cochinilla f algodonosa de la vid
work on the vegetable plot, to
cultivar v el huerto
work, to (the soil; till, to; farm, to)
labrar v
worker bee
abeja f obrera; abeja f neutra
worm compost
humus m de lombriz
wormery
vermicompostador m
• vermicompostaje = worm composting
wormwood
[Artemisia absinthium]
ajenjo m
wormy (fruit); maggoty
agusanado adj
wormy (wood); rotten; decayed
carcomido adj
wych elm
[Ulmus glabra]
olmo m de montaña; olmo montano

XYZ

xylem
xilema m
yam; variety of sweet potato
ñame m
yard; farmyard
corral m
• corral de madera = timberyard
yarrow; achillea; milfoil
[Achillea millefolium]
milenrama f, milhojas
yellow flag iris
[Iris pseudoacorus]
lirio m amarillo; acoro m bastardo
yew tree; yew wood
[Taxus baccata]
tejo m
young shoot
pámpano m
yucca; Spanish dagger
[Yucca gloriosa]
yuca f
zamia; cardboard fern
[Zamia furfuracea]
zamia f, arrurruz de Florida
zebra rush; banded rush; common club rush
[Schoenoplectus lacustris], [Scirpus lacustris]
junco m cebra; scirpus m
zinnia
[Zinnia]
zinnia f
zucchini; courgette
calabacin m

MEDICINAL PLANTS
LAS PLANTAS MEDICINALES

ajo	garlic	*Allium sativum*
alcachofa	globe artichoke	*Cynara scolymus*
alfalfa	alfalfa	*Medicago sativa*
amapola de California	California poppy	*Escholtzia californica*
ananás	pineapple	*Ananas comosus*
arándano	bilberry	*Vaccinium myrtillus*
bardana	burdock	*Actium majus*
boldo	boldo	*Peumus boldus*
brezo	heather	*Erica cinerea*
cáscara sagrada	cascara	*Rhamnus purshiana*
camilina	China tea	*Camellia thea*
cardo Mariano	milk thistle	*Silybum marianum*
castaño de Indias	horse chestnut	*Aesculus hippocastanum*
cola de caballo	horse-tail	*Equisetum arvense*
crisalina	golden chamomile	*Chrysanthellum indicum* Subsp. *Afroamericanum*
diente de león	dandelion	*Taraxacum officinale*
echinácea	purple coneflower	*Echinacea purpurea*
eleuterococo	Russian ginseng	*Eleutherococcus senticosus*
espino Albar	hawthorn	*Crataegus oxyacantha*
eucalipto	blue gum	*Eucalyptus globulus*
fasolina	common bean	*Phaseolus vulgaris*
fenogreco	fenugreek	*Trigonella foenum graecum*
fresno	ash	*Fraxinus excelsior*
fucus	bladderwrack	*Fucus vesiculosus*
fumaria	common fumitory	*Fumaria officinalis*
gayuba	bearberry	*Arctostaphilos uva-ursi*
ginkgo	gingo biloba	*Ginkgo biloba*

ginseng	ginseng	*Panax ginseng*
glucomanano	devil's tongue	*Amorphophallus konjac*
grosellero negro	blackcurrant	*Ribes nigrum*
guaraná	guarana	*Paullinia cupana*
gugulón	guggal gum	*Commiphora mukul*
hamamelis	witch hazel	*Hamamelis virginiana*
harpagofito	devil's claw	*Harpagophytum procumbens*
hierba de San Juan; hipérico	Saint John's wort	*Hypericum perforatum*
hinojo	fennel	*Foeniculum vulgare*
humagón	Canadian fleabane	*Erigeron canadensis*
jengibre	ginger	*Zingiber officinale*
kola	cola seed	*Cola nitida*
lúpulo	hop	*Humulus lupulus*
llantén mayor	common plantain	*Plantago major*
marrubio	white horehound	*Marrubium vulgare*
meliloto	melliot	*Melilotus officinalis*
migranela	tansy	*Tanacetum parthenium*
olivo	olive	*Olea europaea*
onagra	evening primrose	*Oenothera biennis*
ortiga blanca	white dead-nettle	*Lamium album*
ortosifón		*Ortosiphon stamineus*
papaya	papaya / pawpaw	*Carica papaya*
pasiflora	passion flower	*Passiflora incarnata*
pavolina	poppy (common)	*Papaver rhoeas*
pensamiento	heartsease, pansy	*Viola tricolor*
pilosela	hawkweed / mouse-ear	*Hieracium pilosela*
reina de los prados	meadow sweet	*Spiraea ulmaria*
rusco	butchers broom	*Ruscus aculeatus*
salvia	sage	*Salvia officinalis*
sauce	willow	*Salix sp.*
sen	senna	*Cassia angustifolia*
tomillo	thyme (garden)	*Thymus vulgaris*
valeriana	valerian	*Valeriana officinalis*
vid roja	vine	*Vitis vinifera*
zanahoria	wild carrot	*Daucus carota*

BIRDS OF SPAIN

LAS AVES DE ESPAÑA

English	Spanish	Scientific
European bee-eater	abejaruco común	(*Merops apiaster*)
Alpine swift	vencejo real	*Apus melba*
barbary falcon	halcón tagarote	*Falco pelegrinoides*
barn swallow	golondrina común	*Hirundo rustica*
black tern	fumarel común	*Chlidonias niger*
blackbird	mirlo común	*Turdus merula*
blue tit	herrerillo común	*Parus caeruleus*
canary	canario	*Serinus canaria*
Canary Islands chiffchaff	mosquitero canario	*Phylloscopus canariensis*
Canary Islands oystercatcher	ostrero negro canario	*Haematopus meadewaldoi*
Canary islands stonechat	tarabilla canaria	*Saxicola dacotiae*
cattle egret	garcilla bueyera	*Bubulcus ibis*
coal tit	carbonero garrapinos	*Parus ater*
common bullfinch	camachuelo común	*Pyrrhula pyrrhula*
common chaffinch	pinzón vulgar	*Fringilla coelebs*
common chiffchaff	mosquitero común	*Phylloscopus collybita*
common coot	focha común	*Fulica atra*
common crane	grulla común	*Grus grus*
common guillemot	arao común	*Uria aalge*
common kingfisher	martín pescador	*Alcedo atthis*
common pheasant	faisán vulgar	*Phasianus colchicus*
common quail	codorniz común	*Coturnix coturnix*
common sandpiper	andarríos chico	*Actitis hypoleucos*
common snipe	agachadiza común	*Gallinago gallinago*
common starling	estornino pinto	*Sturnus vulgaris*
common stonechat	tarabilla común	*Saxicola torquata*
common swift	vencejo común	*Apus apus*
common teal	cerceta común	*Anas crecca*
common tern	charrán común	*Sterna hirundo*
common wood pigeon	paloma torcaz	*Columba palumbus*
dipper	mirlo acuático	*Cinclus cinclus*

eagle owl	búho real	*Bubo bubo*
Egyptian vulture	limoche	Neophron
	guirre (in Canaries)	percnopterus
European honey-buzzard	abejero europeo	*Pernis apivorus*
European bee-eater	abejaruco común	*Merops apiaster*
European nightjar	chotacabras gris	*Caprimulgus europaeus*
European turtle dove	tórtola europea	Streptopelia turtur
goldcrest	reyezuelo sencillo	*Regulus regulus*
golden oriole	oropéndola	*Oriolus oriolus*
goldfinch	jilguero	*Carduelis carduelis*
great spotted woodpecker	pico picapinos	*Dendrocopos major*
great tit	carbonero común	*Parus major*
great white egret	garceta grande	*Egretta alba*
green woodpecker	pito real	*Picus viridis*
greenfinch	verderón común	*Carduelis chloris*
herring gull	gaviota argéntea	*Larus argentatus*
hoopoe	abubilla	*Upupa epops*
house martin	avión común	*Delichon urbica*
house sparrow	gorrión común	*Passer domesticus*
Iberian chiffchaff	mosquitero ibérico	*Phylloscopus brehmii*
little egret	garceta común	*Egretta garzetta*
little owl	mochuelo europeo	*Athene noctua*
long-eared owl	búho chico	*Asio otus*
magpie	urraca	*Pica pica*
mediterrannean gull	gaviota cabecinegra	*Larus melanocephalus*
oystercatcher	ostrero euroasiático	*Haematopus ostralegus*
pintail	ánade rabudo	*Anas acuta*
razorbill	alca común	*Alca torda*
reed bunting	escribano palustre	*Emberiza schoeniclus*
reed warbler	carricero común	*Acrocephalus scirpaceus*
robin	petirrojo	*Erithacus rubecula*
rock bunting	escribano montesino	*Emberiza cia*
rook	graja	*Corvus frugilegus*

sand martin	avión zapador	*Riparia riparia*
short-eared owl	búho campestre	*Asio flammeus*
sky lark	alondra común	*Alauda arvensis*
Spanish imperial eagle :	águila imperial ibérica	*Aquila adalberti*
Spanish sparrow	gorrión moruno	*Passer hispaniolensis*
spotted eagle	águila moteada	*Aquila clanga*
stone-curlew	alcaraván común	*Burhinus oedicnemus*
tawny owl	acárabo	*Strix aluco*
Tenerife kinglet	reyezuelo tinerfeño	*Regulus teneriffae*
tree sparrow	gorrión molinero	*Passer montanus*
willow warbler	mosquitero musical	*Phylloscopus trochilus*
wren	chochín	*Troglodytes troglodytes*

BUTTERFLIES OF SPAIN
LAS MARIPOSAS DE ESPAÑA

Apollo	Apolo	*Parnassius apollo*
Berger's clouded yellow	Colias de Berger	*Colias alfacariensis*
Black-veined white	Blanca del Majuelo	*Aporia crataegi*
Blue-spot hairstreak	Mancha azul	*Satyrium spini*
Brimstone	Limonera	*Gonepteryx rhamni*
Brown Argus	morena serrana	*Arica agestis*
Cleopatra	Cleopatra	*Gonepteryx cleopatra*
Clouded yellow	Amarilla	*Colias crocea*
Common blue	Dos Puntos	*Polyommatus icarus*
Dingy skipper	Cervantes	*Erynnis tages*
Duke of Burgundy	Perico	*Hamearis lucina*

fritillary		
Dusky heath	Velada de Negro	*Coenonympha dorus*
Escher's blue	Fabiola	*Polyommatus escheri*
Great banded grayling	Rey Moro	*Brintesia circe*
Green-veined white	Blanca Verdinerviada	*Pieris napi*
Grizzled skipper	Ajedrezada Menor	*Pyrgus malvae*
Holly blue	Náyade	*Celastrina argiolus*
Lang's short-tailed blue	Gris Estriada	*Leptotes pirithous*
Large tortoiseshell	Olmera	*Nymphalis polychloros*
Large white	Blanca de la col	*Pieris brassicae*
Long-tailed blue	Canela Estriada	*Lampides boeticus*
Mallow skipper	Piquitos Castaña	*Carcharodus alceae*
Marbled skipper	Piquitos Clara	*Carcharodus lavatherae*
Marsh fritillary	Ondas Rojas	*Eurodryas aurinia*
Mazarine blue	Falsa Limbada	*Cyaniris semiargus*
Meadow brown	La Loba	*Maniola Jurtina*
Meadow fritillary	Minerva	*Mellicta parthenoides*
Moroccan orange tip	Bandera Española	*Anthocharis belia*
Niobe fritillary	Niobe	*Argynnis niobe*
Orange-tip	Musgosa	*Anthocharis cardamines*
Peacock	Pavo Real	*Inachis io*
Provencal fritillary	Deione	*Mellicta deione*
Purple emperor	Tornasolada	*Apatura iris*
Purple-shot copper	Manto de Purpura	*Lycaenia alciphron*
Queen of Spain fritillary	Sofia	*Issoria lanthonia*
Red admiral	Numerada	*Vanessa atalanta*
Ringlet	Sortijitas	*Aphantopus hyperantus*

Rock grayling	Banda Acodada	*Hipparchia alcyone*
Safflower skipper	Ajedrezada	*Pyrgus carthami*
Silver-studded blue	Niña	*Plebejus argus*
Small skipper	Dorada Linea Larga	*Thymelicus sylvestris*
Small tortoiseshell	Ortiguera	*Aglais urticae*
Small white	Blanquita de la col	*Artogeia rapae*
Spanish argus	Morena Española	*Aricia morronensis*
Spanish festoon	Arlequin	*Zerynthia rumina*
Spanish gatekeeper	Lobito listado	*Pyronia bathseba*
Spanish marbelled white	Medioluto Norteña	*Melanargia ines*
Spanish Purple Hairstreak	Moradilla del Fresno	*Laeosopis roboris*
Spanish swallowtail	Chupa Leche	*Iphiclides feisthamelii*
Speckled wood	Maculada	*Pararge aegeria*
Spotted fritillary	Doncella Timida	*Melitaea didyma*
Swallowtail	Macaón	*Papilio machaon*
Wall brown	Saltacercas	*Lasiommata megera*
Western dappled white	Blanquiverdosa Moteada	*Euchloe crameri*
White admiral	Ninfa del bosque	*Limenitis Camilla*
Wood white	Blanca Esbelta	*Leptidia sinapsis*

HADLEY PAGER INFO PUBLICATIONS

Publications listed are French-English and English-French

GLOSSARY OF FRENCH GARDENING AND HORTICULTURAL TERMS
By Alan Lindsey
Paperback, 2007, Third Edition, 80 pages, 210 x 148 mm
ISBN 978-1872739-14-4   Price: £9.00

- The glossary includes around 2500 gardening and horticultural terms
- The glossary matches up the familiar French and English names of pot and garden flowering plants and shrubs which are not readily available elsewhere
- Appendices of Medicinal Plants and of Birds and Butterflies seen in France

CONCISE DICTIONARY OF FRENCH HOUSE BUILDING TERMS
(Arranged by Trades)
By Alan Lindsey
Paperback, 2005 Third Edition, 304 pages, 210 x 144 mm
ISBN 978-1-872739-11-3   Price: £27.00

GLOSSARY OF FRENCH HOUSE PURCHASE AND RENOVATION TERMS
By Alan Lindsey
Paperback, 2000, Fourth Edition, 56 pages, 210 x 148 mm
ISBN 978-1-872739-08-3   Price: £7.50

GLOSSARY OF FRENCH LEGAL TERMS
By Alan Lindsey
Paperback, 1999, 114 pages, 210 x 148 mm
ISBN 978-1-872739-07-6   Price: £12.00

CONVERSATIONAL FRENCH MADE EASY
By Monique Jackman

Paperback 2005 256 pages, 210 x 145 mm
ISBN 978-1-872739-15-1   Price £9.95